青少年 科普图书馆

世界科普巨匠经典译丛·第五辑

Zhengfu Daziran

征服大自然

（苏）米·伊林 著　丁荣立 编译

上海科学普及出版社

图书在版编目（CIP）数据

征服大自然 /（苏）米·伊林著；丁荣立编译 .—上海：上海科学普及出版社 , 2015.1（2021.11 重印）

（世界科普巨匠经典译丛·第五辑）

ISBN 978-7-5427-6277-1

Ⅰ .①征… Ⅱ .①米… ②丁… Ⅲ .①自然科学—科普读物 Ⅳ .① N49

中国版本图书馆 CIP 数据核字 (2014) 第 240976 号

责任编辑：李　蕾

世界科普巨匠经典译丛·第五辑

征服大自然

（苏）米·伊林 著　丁荣立 编译

上海科学普及出版社出版发行

（上海中山北路 832 号 邮编 200070）

http://www.pspsh.com

各地新华书店经销　三河市金泰源印务有限公司印刷

开本 787×1092 1/12　印张 16　字数 192 000

2015 年 1 月第 1 版　2021 年 11 月第 2 次印刷

ISBN 978-7-5427-6277-1　定价：32.80 元

目 录

第 11 章　**米丘林和他的学说**

第01章

"敌人"疯狂地进犯

或许你还不知道，在俄罗斯的土地上，还有一个让人非常害怕的敌人，也在不断地侵犯着这片土地上的人们，但是这个敌人完全没有受到过人们的惩罚。更让人感到奇怪的是，当这个敌人出现在人们面前的时候，人们不但没有用武器来抵抗它，居然还拿出神像和旗帜对着苍天大声呼唤，请求上天宽恕它们的罪行。但是这个敌人似乎一点也没有心软，仍旧是肆无忌惮地侵犯着他们的家园。

大地在火焰中燃烧

在漫长的世纪中，俄罗斯人对于所有敌人的进犯，都会给予最顽强的抵抗，我们不止一次地将外国强盗狠狠地赶出了国境以外。这是人们永久的记忆。

或许你还不知道，在俄罗斯的土地上，还有一个让人非常害怕的敌人，也在不断地侵犯着这片土地上的人们，但是这个敌人完全没有受到过人们的惩罚。更让人感到奇怪的是，当这个敌人出现在人们面前的时候，人们不但没有用武器来抵抗它，居然还拿出神像和旗帜对着苍天大声呼唤，请求上天宽恕它们的罪行。但是这个敌人似乎一点也没有心软，仍旧是肆无忌惮地侵犯着他们的家园。

于是，森林被烧焦了，大地看上去就像戴了个明亮的火环，空气中也弥漫着让人窒息的烟雾。农作物绝收、村落被毁坏，人们被弄得民不聊生，可是敌人依旧非常猖獗。路上到处都是逃难的人们，他们拥挤着向前方奔走着……

那么，这个肆无忌惮侵略俄罗斯土地的敌人到底是谁呢？人们给它起了个非常形象的名字——旱灾。

对于旱灾的到来，人们不是一眼就能看清楚的。它是有计划地、缓慢地进行着。从春天的时候开始，

▲ 因旱灾而死的黄羊

太阳就日复一日地照着，有的时候会积聚几朵白云，但是这种白云是不可能会下雨的。这样过了一天、一周、一个月，根本看不见一滴雨的影子。白天的时候，太阳把大地晒得火辣辣的，如果人们光着脚走路就会觉得非常烫。晚上的时候天空又非常明朗、凉快，吹起灰尘的风在田地上来回盘旋着。

植物为了逃脱被晒死的命运，就需要吸收比其他时候更多的水分。但是在这干燥的环境下，空气也在疯狂地吸收着水分，甚至还会从植物的身上抢水分。这让植物无法从空气中吸收水分，就只有更加拼命地吸收土地的水分。如此一来，土地的水分很快就会不够用。在冬季的时候，由于缺水的缘故，导致降雪量也非常稀少，这样的恶性循环，使得缺水的情形越来越严重。

▲ 索诺兰沙漠干旱的土地

在这种条件下，雨水才是它们的救星，因为只有下雨才会有粮食。于是人们从大清早开始，就眼巴巴地看着被那黄色烟雾所遮盖的天空。有时候，眼看着乌云开始凝聚了，但是在毒辣天气的威慑下，太阳就像眨了一下眼睛，乌云顿时云开雾散。而有时候，天空的确会降下大雨，乌云伴随着雷声滚滚而来，就好比天上的人们在敲锣打鼓，人们祈祷它不要空来一趟，天神好像听懂了人们的祈祷，于是天空逐渐地越来越暗，就好像突然到了晚上一样，接着在短时间的寂静之后，又忽然刮起了大风，吹起麦浪一阵阵地荡漾，就连池塘边的杨柳也被大风吹得东倒西歪，柳树枝也被大风吹折。

在天空尽情表演了它的才艺之后，豆大的雨滴终于被祈盼而至。或许，这豆大的雨滴是雨神天将派来的侦察兵，在没有发现敌情之后，雨水瞬时间倾盆而下，似乎是整个军队席卷而来。这阵势，一看便知是暴风雨。雨水在片刻之间倾注在田里、路上和房屋上。人们光着脚在雨里跳着笑着，感受着雨水的抚摸。老人们高兴坏了，直说这是老天爷大发慈悲，把雨水恩赐于我们。过了一会儿，天渐渐明亮起来，阳光从雨雾中显露出来，雨神也慢慢收回了他的子民。水流从平地上流到洼地、山谷和小河里。可是，这片土地好像一点也不领情，刚刚把土面打湿就拒绝雨水的深层次渗透。雨水只得无奈地流向山谷，再从山谷流向河流。

　　于是，炽热的、万里无云的、干燥的日子又开始慢慢地延续下去。草原上的草都变成了黄色，田里的庄稼也全都枯萎，沙滩从河床上显露出来，水桶也砸到了井底。

　　由于连续的炎热天气，树上的树叶和地上的小草都开始冒着青烟，如果有人把烟头扔在这里，那么这些植物就会瞬间燃烧起来。有时候，树林也会发生自燃，原因就在于去年大火的火种被遗留了下来，这些火种虽然在冬天的时候被掩藏了起来，可是一旦到了酷热的夏天，这头红色的野兽就会倾巢而出，又开始在森林里肆意妄为。

　　人们用恐慌的眼神看着这从森林中无故冒起的白烟，再用颇为无奈的心情看着自己脚下已经开裂的土地。人们从无数经验中得出了一个结论，旱灾就是饥饿，就是破坏。如果它是有备而来的，那么从春天开始，就会让幼苗慢慢地变黄、枯萎，庄稼还来不及长大就会干死。如果旱灾从夏天的时候开始，就会使得那些庄稼还没有成熟的时候就干枯，使得果实最后变成一个空壳。

　　假如旱灾在来临之前还带上了它的伙伴——干热风，那当地人们的处境就会变得更加雪上加霜。

沙漠里吹来的干热风

　　干热风的老巢居住在一望无垠的沙漠地带，那里除了沙子几乎是寸草不生。在每年特定的时期里，顽皮的干热风会吹到伏尔加河流域，吹到顿河草原地带，也会由里海吹到乌克兰。

　　在靠近沙漠的地区，热情的太阳尽情地把自己的光和热散发到沙漠中去。可是太阳似乎忽略了这种热情对于沙漠并没有多大用处。试想一下，如果沙漠不是沙漠，而是森林、草原、湖泊、田地的话，那么这些浪费在沙漠地区的阳光就有很多事情要做：它们要给植物制造养分，要把河里的水变成云朵，然后再经过压强变成雨滴落下来。但是在沙漠中，雨水是非常难得一见的。这里没有森林也没有田地，到处一片死气沉沉，在少数地方，或许你会看见一些灌木，但是在绝大多数地方连灌木的影子也见不着。

▲ 干热风下土地上的一切像被火烧过一样

 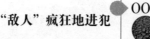

所以，照射在这个地方的阳光能到哪里去呢？它只能把沙粒和空气晒得发热、冒烟。

经过太阳照射了无数个岁月之后，沙漠的温度就像一个大火炉，似乎什么东西放在上面都要融化一样。

在俄罗斯的历史上，干燥而又炎热的气流已经不止一次从沙漠地带向西部突进，干热风就像是一种看不见的火焰，在一瞬间就吹到了全国各地。这也就是为什么果园和田野在没有火的条件下也会发生自燃的原因。植物的纤维和细胞都已经热得脱水，它们没有足够的水分来抵抗这种热气，树根还没有来得及向树叶运输水分，叶子就已经被热气烤得蜷曲起来。田野里的幼苗在短短两天的时间里就被烤得干枯，有些植物甚至还没有来得及被晒得发黄就直接枯萎。空气中还含有干热风从沙漠地区带来的细小灰尘，使得整个天空变得雾蒙蒙的，就连太阳也变成了红色，好像在雾中一样。这种从沙漠地区带来的灰尘，被人们称为"烟雾"。这种灰尘一旦进入了果园，肯定就会有树枝被折毁。

沙漠的魔掌一直延伸到了好几百千米以外，把那里的一切都变成了死亡地带。但值得庆幸的是，在干热风所经过的途中，有一片很宽阔的水域。这片水域叫作里海，它有46万平方千米，保护着苏联大片土地不受干热风的侵害。试想一下，如果没有里海，那么沙漠早已把苏联的南部弄得荒无人烟。干热风在经过里海上空的时候，绝大多数都已冷却，里面还参杂着水分。于是，干热风从里海起，就饱含着水分向其他地方吹去，最先到达的地方是高加索山脉和中央亚细亚一带。在那里，干热风带来的水分会变成雨雪降落，汇集在从山里流出来的河流中。

但是，并不是所有的干热风都能被里海阻挡。在里海的北面，干热风就可以长驱直入，它向西行，向北走，入草原、进森林，给人们带来了极大的经济损失。而苏联最肥沃的土地，也就是在这条线上，这些土质肥沃的地区——顿河草原、乌克兰、伏尔加河左岸一带，却也要永远受着干热风的威胁。

移动的"黑墙"

苏联自古以来就有一个疯狂的敌人——黑色风暴。黑色风暴会吞噬森林、淹没田野,有人问,那是雨吗?肯定不是,雨不会把东西卷到空中,那简直就像是一个恶魔。如果你看到从老远的地方有一堵黑色的墙向这边快速移来,在这堵黑墙还没有到来之前就快躲起来。当地的人们都知道,如果没能及时地躲避"黑墙",留给自己的将是无法形容的灾难。

众所周知,风是没有颜色的,而黑色风暴之所以会是黑色,最主要的还是由于大风把土地上的细小灰尘卷了起来,形成了让人心惊胆寒的黑色风暴。这种灰土可以进入人们的耳朵、鼻腔和嘴巴里。如果胆子稍微大点的人敢在黑色风暴里站上半个小时,那么他原本非常干净的内衣都会变

▲ 1934 年 5 月 11 日凌晨,美国西部草原地区发生了一场人类历史上空前的黑色风暴

成脏兮兮的,而且还特别僵硬,就好像在泥浆里打了一个滚一样。

其实,这还不算什么,衣服脏了可以洗,实在不行扔了也无所谓。可是对于土地而言就没有这么幸运了。黑色风暴中大多数的尘土都来自土地,并且吹走了的还是土地中最重要的外壳。被吹走的土地外壳,具有遮盖底层潮湿土壤的作用,黑色风暴会将植物根旁的泥土吹走,然后吹到另外一个地方将其他植物给掩埋,这让一直以农作物为生的人们感到非常惊慌。如果黑色

风暴可以在短时间内停止，那么这些被土层半掩盖的植物还有可能被抢救回来。但是如果黑色风暴继续它的恶行，那么这些可怜的植物将束手无策。

有时黑色风暴也会把道路全部堵塞，严重影响了火车的运行，而阻止火车运行的可不是一堆堆的雪，而是一堆堆的土。

峡谷的破坏与侵略

在俄罗斯的伏尔加流域上，还有另外一个敌人在肆意破坏和侵略——峡谷。在其他地方，人们将"峡谷"称之为"水坑""陷坑""深渊"。由此可见，人们对这个熟悉的敌人，是没有什么好感的。

▲ 从科罗拉多河面看科罗拉多大峡谷

峡谷和黑色风暴一样，只要是土质稍微有点松软或是在没有草根和树根的地方，就会危害得最为严重。但是黑色风暴和峡谷有一个本质上的区别：黑色风暴是风造成的，而峡谷是水造成的。

在19世纪末的时候，有一个叫作马萨里斯基的作家专门写了一本有关于峡谷的大作。在他的书里，你会觉得似乎这是一个长期开展在黑土区的残酷阵地战。那些长而曲折的断壕，把峡谷向全国各地推进。它阻断了道路，侵入到城市的街道和广场，破坏了房屋，甚至连田野和草地也不放过。

峡谷的形成往往出乎人们的意外，它们绝大多数不是大自然形成的，而是由于人们无休止地破坏环境造成的，如人们把陡峭山坡上的土给翻了出来，用来当作田地；挖一条很深的沟，让自己的土地和别人的土地分隔开来；道路上的车轮印和牛马在河边喝水时所踩成的小路，这些都是形成峡谷的诱因。

春天来了，大地复苏，冰雪消融。雪水流入田地和辙迹中，从斜坡上倾注而下，使得原来的水坑变得更深。雪水在冲刷水坑的时候，会将岩壁的泥土冲走，使得囤积水坑的土壁变得更薄。夏天是暴雨多发季节，在这个季节里，水塘只需要一天的时间就会变成深谷。

峡谷一年又一年地向斜坡上移动，假如向峡谷注入的是多条河流的流水的话，那么峡谷就会很快分散开来，沿着田地向四处扩散。一般情况下，斜坡越陡的话，峡谷的形成就越快，它有时会在一年的时间里加长到几十米到几百米。1891年的时候，由于暴风雨的缘故，使得法切日系原本平坦的地方出现了宽2米、长16米、深3.5米的峡谷。

在这种恶劣的自然环境下，人们经历着沧海变桑田式的变化。老人们说："小时候，邻村的小河我们一跃就能跳到河对岸，现在是一条又深又宽的峡谷，将当初的小河变得面目全非了。想要走过去，还得绕数千米的长路。"

峡谷加深变宽了，形成了无数个分支，在峡谷中心，残留下一堆堆的泥土，这些土壤上面还长有茂密的青草。不过这些土堆在水流日复一日的冲刷之下最终还是免不了倒塌的命运。

峡谷对人们生活的影响是难以形容的，以前用来种庄稼的田地，现在变成了山地、山壑和山谷。以前盛产粮食的沃土，现在已经变成了名副其实的荒地。以前在这些斜坡上还经常能看见牛羊吃草的景象，而如今那悠闲的草原放牧时光已一去不复返了。

峡谷带来的危害并不仅仅是夺走了人们的大片土地，还会对人们的出行造成极大的不便。原来只需几分钟就能到达的目的地，现在需要绕一大圈才能走过去。我曾经读过有关迷路旅客的记载，它讲述了许多弯弯曲曲的道路让人们迷失方向的故事。在古尔省，同样有非常多蜿蜒的道路，那里的道路因为峡谷的变化，经常需要更改行动的路线，这样就使得原本弯弯曲曲的道路显得更加曲折。

马萨里斯基在他的书里还叙述了峡谷是如何侵蚀着城市。在普济弗里，峡谷切断了街道和广场；在济马市，峡谷还威胁着许许多多房屋。更为严重的是，有六道峡谷还向美丽的美琪河进攻。这些峡谷的流水中还带着泥土、沙粒、石块，于是当初美丽的河流很快就将河道阻塞。以前这里是很深的水道，现在有很多船在那里居然会搁浅。

令人厌烦的峡谷竟然还有加剧旱灾的功能。它把地中的水全部吸出来，就好像是一种排水沟。并且，峡谷的所到之处还会席卷地上的土壤。使得地上只留下一些没有养分的土质，可是那些肥沃的泥土却被峡谷冲击到出口和河底任其堆放，就跟一层黑色的熔岩似的。

人们眼睁睁地看着土壤里仅有的那么一点水分，就这样流到了"水坑"里，心里也只能干着急。有些地方的农民妄图用一些树桩、垃圾把这些水坑填塞起来，可是效果却是微乎其微。农民悲伤地说："凡是开始崩裂的地方，就意味着灾难。刚刚把这个地方给填平，可是在别的地方又出现了裂缝，根本就是杯水车薪。"

峡谷的胡作妄为，到现在为止还没受到相应的惩罚，还在帮助旱灾、帮助干热风和黑风暴一起来蹂躏着这片土地上的人们。

饥荒年代

在岁月的长河里，俄国经历过无数次自然灾害的侵袭。比如18世纪里，俄国前后共遭遇过34次旱灾；19世纪时，发生旱灾的次数增长到40次；到了20世纪初期，荒芜的年份接连不断地袭来——1905年、1906年、1907年、1908年、1911年、1912年……内务部曾专门在1908年写了一份报告："俄罗斯大多数农民的命运，与每年都有可能发生的饥荒息息相关。"

当饥荒的年代到来时，农民就要拿出自己所拥有的一切储备，只希望能够挨过漫长的冬天，直到第二年春天的到来。那段时间，投机商人每天都在村庄周围转悠，因为饥荒农民只好把自己手上的东西拿

▲ 20世纪20年代苏联大饥荒时的灾民

出来贱买，以换取不多的口粮。只见老妇人们从箱底掏出了御寒的短袄，以及自己的头巾；年轻的姑娘们将自己的长发剪下来，准备卖个好价钱。其实，再长的秀发顶多能卖2个卢布，等姑娘们的发辫都被卖光了，又该怎么办呢？要知道，贫农们可以贱卖的东西已经越来越少了。他们把所有的东西都卖光了，他们又该向谁求助呢？尽管每个村庄都有几户存有余粮的富裕人家，即便是在饥荒时期，这些地主的庄园中，粮仓也没有亏空过，可是他们愿意将自己的粮食"奉献"出来救济那些贫苦的农民吗？

1891年，全国上下都被饥饿笼罩着，有一家权威的媒体发表了评论："饥饿的农民整天都在四处游荡，挨家挨户地乞求施舍，可是他们仍然饥肠辘辘，谁也不愿意把自己的口粮施舍给别人。"

如果有谁愿意写下借据，还有可能向那些富裕的人家借来一些口粮，不过条件是极为不公平的——比如今年借了一担粮食，那么到了来年的收获季节，就得归还三担甚至四担粮食。这就是说，一个欠债的家庭，如果能够幸运地撑到来年秋天，那么他们所收获的所有粮食都必须用来还债！粮食早就被他们"预支"吃掉了，哪里还说得上什么幸福的生活？饥饿的农民如果想让自己的粮食吃得更久一些，就不得不把杂草、灰炭和泥土混合着粮食一起吃。

当时，有一家报社发表文章说："农民的田园早已经荒废，饥饿像鞭子一样，每时每刻都在抽打农民羸弱的身躯。饥饿的农民每天只能用一种叫作'藜'的杂草充饥，可是藜也已经吃得所剩无几。这时，农民离收获的季节还有将近一年的时间。在这一年的时间里，他们没有白菜、马铃薯、胡瓜，就连喂牲口的稻草也没有。"

农民把一锅藜煮成一种类似糨糊的东西，然后放进一些麦粉，做成面包。这种气味难闻的东西，通常连猫狗都不屑一顾，鸡鸭吃了都会一命呜呼。如果农民空着肚子把这种东西吃下去，很容易导致呕吐。

后来，连藜也吃光了。有的农民就呆在家里，忍受饥饿的煎熬；也有的农民来到大路上痛苦哀嚎。那段日子，城镇的大街小巷都挤满了灾民。这里已经不再是单纯的街道，而是传播瘟疫的摇篮，以及躺满尸体的殡仪馆。

于是警察妄想要把灾民都赶回乡村去，并且下命令说要整顿城市，他们对灾民大声喊道："新来的人都回农村去。"但是，似乎没有人听到警察的喊话，城市里仍旧是拥挤的人潮。饥荒残害着人们，也使国家遭到严重的破坏，就好像是受到敌人的侵略一样。

当然，旱灾并不是所有人遭难，它对某些人来说是一个发财的极好机会。

旱灾不但没有让商人和富农受到饥荒，还让他们发了一笔可观的财。在饥荒的年代，他们所出售的粮食通常都高出市场价3倍。他们只需要花很少的钱就可以换来灾民们最后的用具、马匹和牲口等，只需要放出一石粮食的贷款，就要收回三石之多。另外，饥荒也是承包商和工厂主的恩人，因为在饥荒年代，任何一份工作都会显得非常廉价。

▲ 19世纪末俄罗斯大饥荒悲惨旧照

因饥荒而发财的还有发放高息贷款的人。1891年，政府规定：凡遇饥荒时，就会对灾区举放贷款。于是当时政府对4000万受灾人口发放了4800万卢布的贷款。也就是说，每人在一年当中，可以借贷一个卢布，不过这可是高利息的贷款。当这些红红绿绿的钞票在国家上空飞来飞去时，无数只贪婪的手已经从四面八方伸了过来。

这些钞票从这个官吏的手中，转入另一个官吏的手中，从这个粮商的手中，转入另一个粮商的手中，从这个钱袋里，又转到另一个钱袋里。会计的笔在纸上飞速地划动着，写着手续费、红利、旅费、利润、利息、马车费和运输费等数字，于是在不知不觉中，成千百万个卢布就这样不翼而飞。最终这些钱并没有用作给灾民们买粮食，而是用在了给商人和官吏造洋房，买新马车，甚至是买水貂皮大衣了。

于是，那些需要帮助的人们还在饥饿着、死亡着……终于他们买到粮食了，可是那都是些什么样的粮食？竟是一些掺了砂泥和野草子的麦子。铁路部门不愿意运送这样的货物，可无耻的粮商们却趾高气扬地指着合同上的条文不知廉耻地说："得掺杂30%。"当时的相关报纸是这样说的，商人秘密地把整车的砂石全倒入粮仓，以便冒充粮食。他们收的是粮食的价钱，而给的东西却是掺杂砂石的粮食。

接着，粮食运到了指定的地方后，还要进行分运。这样操作上的漏洞就来了：每运送 10 石粮食就要花费三四石的运费，这几乎就是整个粮食的一半了！事情到了这一步还没有完，如果想要把粮食磨成粉，还要支付一笔粮食给面粉商。

到最后，粮食终于到达了乡村，乡公所办事员和乡长也早就迫不及待地忙乎起来。他开始伪造灾民册子，有些家里还有存粮的家庭，也都被随随便便地算在灾民里面。那么，真正的灾民又能到底拿到多少粮食呢？这里有一个例子：C 县 A 村共有 699 人，在 1891 年 10 月的时候，总共发了裸麦 62 普特，这相当于每人每月只有三磅半的粮食。而且这些粮食还不是发给所有的灾民，它只是发给那些没有工作能力的灾民，比如 15 岁以下的儿童和 55 岁以上的老人。可以说，灾民家里只有一半的人能够得到粮食。

那么，没有得到粮食的人又该怎么办呢？有人说："那就做工去！"可是这些人到哪里去工作呢？于是这些灾民中有几万人被派出去修建铁道和公路，但那些监工的根本就不愿接受这些已经饿得连手都提不起铁铲来的人。工地老板利用他们的贫困，只给他们少得可怜的工资：一天 10 个戈比，让他们自己去活。如果有谁不愿意为了这几个钱工作的话，那么所得到的就是施工的指挥者安宁柯夫将军的毒打，被打伤了的还得押送回原籍去。

每个城市里到处都可以看见"慈善游艺会，救济灾民"，"义卖救济灾民"，"跳舞晚会救济灾民"的海报，于是捐款簿递来递去，可是那些为了慈善而赚上几千万卢布的人们，却只捐赠了一二十个卢布来设置所谓的施粥所。并且没过多久，这些原本靠灾民来出风头的人，再也懒得去"乐善好施"了。

于是，1892 年 9 月，托尔斯泰这样写道："灾民！施粥所！施粥所！灾民！这已经不是什么新奇的事了，厌倦了！在莫斯科，在彼得堡，你们虽然已经厌倦了……但他们仍然需要吃的，他们还要活下去。"

第02章

·与大自然的斗争·

土壤对植物的影响比气候对植物的影响更直接、更深远，所以我在这里奉劝一下种庄稼的农民，没有必要非要强迫上天下雨来保住庄稼的产量，只要控制好土壤，我们就可以让庄稼高产。

根源与目标

"嗡嗡嗡"，嘈杂的声音响彻在农业博物馆的大厅，很像是一万只苍蝇在乱叫。当彼得堡大学教授保尔·安德列耶维奇·柯斯特契夫走上演讲台的时候，原本喧闹的大厅突然变得安静了下来，如果这个时候一根针掉在地上估计都能听得见声音。

柯斯特契夫教授今天在农业博物馆讲解的主题是：干燥气候引发的庄稼歉收问题。

1882年是灾荒最严重的一年，而有些富人就是不愿开仓放粮，宁可粮仓里面的粮食去喂老鼠也不愿意救济那些忍受饥饿的灾民。而这个时候伟大的批判现实主义作家——托尔斯泰却想竭尽全力地去说服他们，但是很快他就认识到了富人的为富不仁。

什么原因导致了饥饿和贫困？怎么去避免饥饿和贫困的再次发生。在当时，人们的思想中有这么一种观念，他们始终认为灾难是因为他们做错了事情，上帝是用干旱来惩罚他们的，所以他们也从来不考虑如何摆脱和消灭旱情。

而科学家认为，饥荒是因为气候的原因，因黑土地区的干燥气候，使庄稼连年歉收。因此，有学者就提出，想要改变现状，首先改变气

▲ 大饥荒时期，灾民焦急地等待政府分发口粮

候，如果气候不能被改变的话，俄罗斯人就很难摆脱饥饿的困扰。

当时有些媒体也对此做了深入的报道，但是大多数的人在看完报道后，只能叹息人类的无奈。有人问，现代技术已如此发达，难道就没办法对付这些自然灾害吗？

柯斯特契夫教授了解了人们的疑问后，决定为人们进行解答，所以有了今天的演讲。柯斯特契夫教授站在农业博物馆的大厅里这样讲解道："庄稼歉收、气候干燥，这是所有人最关心的问题，如果我们简简单单地把气候干燥说成庄稼歉收的主要原因的话，那就是大错特错了，如果把气候干燥说成是因为上帝对我们的惩罚，这个说法简直太可笑了，现在我可以告诉大家，虽然我们现在身处绝境，但情况还没有我们想象的那么糟糕。"

为了让人们相信他的演讲，柯斯特契夫教授拿出了一张早已准备好的表格，并且解释表格上的数据。这些表格上面记录了彼得堡春、夏、秋、冬四季的降水量，在表格的下面还有一组数据是记录伏罗聂西全年的降水量。

柯斯特契夫教授指着表格上面的数字讲道："数据表明彼得堡好像并不缺少降雨量，它更符合海洋气候，因为这上面显示的降雨量和它现实的状况并不相符，很多人就算不用看这表格也觉得彼得堡的气候肯定比处于黑土地带的伏罗聂西要湿润得多，这是为什么？这是因为在人们的印象当中彼得堡没有发生过像伏罗聂西那样的旱灾。可是事实并非如此，我们来看看这张表格上所显示的数据，原本干旱的伏罗聂西每年的降水量竟然要比彼得堡多得多……这说明了什么？如果气候是造成干旱的唯一原因的话，那彼得堡应该比伏罗聂西的旱灾还要严重，但是事实恰恰相反。尽管伏罗聂西每年都拥有丰沛的降水量，但是仍然不能阻碍它成为全国最为干旱的地区，通过这些数据对比得知，气候并不是造成干旱的主要原因，那到底是什么原因造成了气候的干旱呢，土质才是造成干旱气候的罪魁祸首。"

刚才的演讲对于下面的听众来说简直就是天方夜谭，柯斯特契夫教授没有任何的停顿，马上又拿出另外一组图标，图标上的数据让台下的人们看得

▲ 量雨器

是一头雾水，没有人知道他要说些什么，即便是柯斯特契夫教授讲解完了这个图标，人们还在盯着图表，他们的思绪还停留在之前的状态上面。柯斯特契夫教授见人们听得都发呆了，故意停顿了一下，又重新拿着第二张雨量表给台下的人们看，这时候人们才注意到表格上伏罗聂西的比较对象已经不再是彼得堡，而是另外两座城市——托罗伊茨克和斯达弗罗波尔。

台下的人们在第二张表上发现：斯达弗罗波尔每年的降水量是伏罗聂西的一倍多，比托罗伊茨克也多出两倍之多。这三个地方的情况完全不一样，是不是雨量多的地方，收成就会好多了呢？人们开始猜测起来，但是事实上那些没有被开垦的草原，却有着同样的景象，柯斯特契夫教授讲到这里停了一下。

"到底是什么景象呢？"下面开始有人大声地询问起来。

柯斯特契夫教授慢慢地解释道："这些地方虽然气候不同，降水量也很不一样，但是都拥有着黑色的土壤。"下面的听众更加听不明白了。

柯斯特契夫教授微笑地说道："土壤对植物的影响比气候对植物的影响更直接，更深远，所以我在这里奉劝一下种庄稼的农民，我们没有必要非要强迫上天下雨来保住庄稼的产量，只要控制好土壤，我们就可以让庄稼高产，当然这是我们的目的，但是我现在要讲解的是土壤对植物的作用，土壤到底对植物有怎样的影响呢？这是因为好的土壤能让土地更好地保存一些水分。"

柯斯特契夫教授接着说道："上述三个地区的土壤是黑土，黑土因为土壤的特性原因，所以并不能保存、积蓄更多的水分，经过烈日的照射大部分的水分都会挥发到空气当中去，所以土地干燥的真正原因并不是天气干旱，

▲ 肥沃的黑土地

不是降雨量太少，而是因为土壤的特性不能把水分保持住，所以都被太阳给蒸发了。"大家似乎也信服柯斯特契夫教授的演讲，好像恍然大悟一样，都不自觉地点点头，大家从他的演讲当中知道了土地干旱的真正原因。既然知道了造成的原因，那如果找到可以让土壤湿润的办法，那样的话，就可以和灾难进行抗衡了。

柯斯特契夫教授在他演讲的最后，还给大家提出了很多宝贵的建议。如果大家要想增加粮食的产量，要记住他的话。

建议一：我们在冬季的时候，应该帮助黑色的土壤多储存些雪水。

建议二：不要让雪水和雨水从地面上面溜走，要学会耕种自己的庄稼，让它们尽可能地深入土壤。

建议三：让地表的降水流向田地里面，让每一滴降水都发挥出自己的作用。

听完了柯斯特契夫教授的演讲和他给的三个建议，人们都很是激动，大家都在讨论刚刚所讲的内容，就好像发现了新大陆一般。有的人认为找到解决办法的关键，只要通过合理的安排，让土壤留住水分，一切问题都可以迎刃而解，但也有的人对此并不赞同。

持怀疑态度的人表示："如果按照教授所讲的三个建议去做的话，那粮食的产量一定会高产，但是这样的条件好像现在只能在实验室里面完成，在大自然中做到这三个方面，那是何等困难啊！难道我们先要建成一个超级大的实验室。"怀疑者露出了不屑的笑容。

持怀疑者的人不在少数，因为去过草原的人都知道，草原的荒凉和寂寞，人的力量相比较自然来说，显得是那么微不足道。

虽然按柯斯特契夫的说法去做有很大的困难，但人们愿意尝试一下。

那人类到底能不能控制雪水和雨水不让它白白浪费掉呢，让草原地带的人们不再有饥饿和贫困呢？下面我们将为大家慢慢解答疑惑。

大自然的宴席

假如你读过苏联童话，就一定会发现它们的结尾充满了童趣：

> "我曾经参加了一场宴席，在那里喝过美酒，不过酒都顺着胡须流走了，半滴也没有喝入口中……"

草原地带的土地，一直都是大自然宴席上的来客。而大自然自然就是宴席的主人，它从寒冷的冬季就开始为宴席储存饮料——那些洁白的雪，等到春暖花开的时候，储存的雪会慢慢地融化，充足的雪水可以让干裂的土地喝饱，剩下的雪水就留给干涸的河流。

等到了春天，参加宴席的除了稳重的土地与活泼的河流，又增加了许多其他的来宾。

首先赶来赴宴的是风，它从那遥远的南方而来，疯狂地吸吮着那些可口的饮料。清晨的太阳也赶到了宴会，它们想把自然的水源喝得一滴不剩。山川、

▲ 莫斯科运河

峡谷也都来赴宴，他们也带来自己的佳酿，一股股小泉水，在狭窄的山谷中流淌，慢慢地聚集成条条的大河，最终汇集到一起。

大河在美酒的催化下，很快就失去理智，变得狂躁起来。它冲断了桥梁，冲毁了堤坝，淹没了村庄、城市。可是，土地却依然是饥渴难耐。

在地面上的雪水是远远不能满足土地的需要的，对此，人也是毫无办法，只能静静地等待着自然界的赐予。如果老天不开恩，那么这一季的辛苦就白白浪费掉了。

这样靠天吃饭的日子，年复一年。这时人们开始幻想，如果人类是掌握命运的主人又会是怎么样呢？人们为什么会这么想呢？因为很多事情让人觉得很不公平，人们辛勤地耕地、不知疲惫地播种，每天早出晚归，而到一日三餐之时，却拿不出像样的盘中餐！付出和收获明显不成正比，在这一望无际的草原地带，过去的人们只能听从自然界的摆布。对于这种生活，人们已经受够了，现在我们可以对大自然说，"我们才是这里的主人"。

虽然柯斯特契夫在他的演讲中没有提到过这一点，不过他的意思却在处处地表达着，我们主宰着自然。他给他的演讲取了一个极具战斗意味的标题，叫"论与旱灾斗争"。

随着科技的进步，现在要想让自然界听命于人，已经不再是一种幻想。但是在那个持续干旱、科学技术不太发达的年代，没有几个人有战胜旱灾的想法的。

走进荒芜的草原

许多做农业研究的学者，一生都没有走出过自己的实验室。可是柯斯特契夫却不是这样的人，只要是认识柯斯特契夫的人，都知道他不只是可以站在讲台上面夸夸其谈的人，他经常坐在颠簸的马车之中，走到那些被旱灾残害的灾区，这在教授的生活里是一种常态。

有的时候天不作美，突然下起了的雷雨，马车还在崎岖的山路上艰难地行进。忽然马车一个晃动，车轮陷进了黑土里。在这泥泞的峡谷中，马早已经精疲力竭。早上出门的时候，崎岖小路上还是干的，可此时却已是泥泞难行，就像春天雪融化时一样。为了避开泥泞的障碍，他们只好绕道回家。夜幕渐渐拉了下来，车夫用鞭子抽打着耗尽气力的马，乘客不忍心便叫停车，慢慢地下了车，弯下身子抓起一把泥土。

"哦，原来是这样。大雨只浸透了地表的一层皮。而降落的那些雨水，大多都流到了峡谷里！"下车的这位乘客正是柯斯特契夫教授，他在浑浊的水坑中洗了洗手。在短暂的休息后，马挣扎着将车子拉出了泥坑。

终于到达了目的地——地主的庄园。

教授在管家的小房间里喝茶，吃着乡下的烧酒与糖浆。虽然他在休息，但是他一直都知道此行的目的，所以他询问了这里的收成和土质情况，哪个区域的庄稼生长得好，哪个区域生长得差。虽然经常奔波在草原上，但是一有时间他就会去农户家，和当地的农户交流情况。从谈话中农户能感觉到，这个客人虽然是城里人的打扮，但是给他们的感觉不是那种道听途说或者只知书本知识的先生。和他们交流的同时，教授也认真地听着农户的话，因为他知道这些满脸沧桑，经历过寒风的摧残和烈日的灼伤的人有很多值得吸取的经验。因为他们不仅经验丰富，而且还有前辈留下来的对抗旱灾的良方。

人们利用敏锐的眼睛进行观察，但这只是表面的察看，并不能得出准确的结论，所以教授深知这一点，经常去实地考察。

在短暂的停留过后，教授提议去庄稼地看看。

"快看这一片地。"农民们纷纷对他说，"今年的收成肯定很不错，因为那里有飞廉草。我们这里有个预兆，土质好的地方就会长出飞廉草。"

柯斯特契夫听到这个说法，笑着点点头，而他却有自己的结论：飞廉草的生长并非是因为土质好，而恰恰相反，因为飞廉草的生长才使土质慢慢地变好。飞廉草的杆又高又坚硬，到了冬天，这些杆还是那么直立立地挺着，雪花将围绕着它一点点堆积起来。积雪越多的土壤，春天的时候就会

▲ 飞廉草

越潮湿，也就意味着到了收获的季节，收成就要好一些。虽然农民们知道了飞廉草生长和收成有关，只是没有作出正确的解释。

当他们走到另一个地方时，一个农民对柯斯特契夫说道："在大旱的时候，这一顷秋麦能够收割90普特粮食，而附近那些田地，就连种子也收不回来。"柯斯特契夫在田里走来走去，反反复复地看着，这块特殊的田地到底与其他田地有什么不同。最后他发现，这块田地三面都是树林，树林阻挡了大风的猖獗，雪就不容易被风吹走，这才是土地高产的关键。

柯斯特契夫不断地在实验室和草原上研究着土壤，研究这些黑土并不是

他的最终目的，他想要找寻一种来跟旱灾作斗争的武器。

为了能让雪留在原地，我们只能采取措施阻止风的侵入了。比如在风吹过的地方设置一些障碍物。如果一旦雪融化了，就没有办法去控制水了，如果水不能被土壤吸收，那就把它回流到地势低的地方，在太阳的照射下，水分被蒸发到了空气中，但是渗入地下的水分因为没有直接被照射，所以下面的水分就不能被蒸发。水分被充分地储蓄好，就可以使植物茁壮成长，但是并不是储存下来的水都被植物所吸收了，还要防备其他的盗水贼。

曾经的敌人

当柯斯特契夫在需找对策，去和旱灾斗争的时候，俄国的另一位学者B.B. 道库恰耶夫也同样在研究草原的旱灾，虽然他们都在研究草原灾害形成的原因和解决办法，但是他在各个研讨会上与柯斯特契夫的观点针锋相对。柯斯特契夫总是与 B.B. 道库恰耶夫的观点不同，他觉得道库恰耶夫的研究太学院派了，往往只侧重于理论上的东西，而对实际上的运用过于忽视。

他们两个人虽然在学术上有分歧，但是当旱灾到来的时候，当学术观点的分歧和人民利益放在一起的时候，他们不约而同地的选择了人们利益。他们统一起来，一起号召大家要消灭灾难。他们告诉人们，如果要消灭灾难，唯一的办法就是通过运用科学与旱灾作斗争，只有经过科学的方法，才能应对旱灾。因为改变旱情的方案有成千上万个，所以需要这些学者，去一一的分析、实验，最后选出一个最符合现实情况的方案。即便是很多学者呼吁运用科学的方法去战胜旱灾，但是现在的人们还处于摸索阶段。如果有朝一日科学的抗旱方法被大面积推广，那农业的现状就不会是现在这种疲软的情况啦。

道库恰耶夫告诉人们要把目光放远，在没有任何组织和机构统一领导部署的情况下，只靠农民自己的种植经验是无法找到有效的方法去抗灾的。道库恰耶夫也研究过土壤、气候、河流以及动植物。他认为，土壤和自然界形成了一个循环，是自然界联系的重要一环，通过大量的实验证明，它们在现实中既是一个独立的个体，又是相互联系的群体。我们不仅仅要改造土壤，而且还应该改造我们周围的地理条件。慢慢地改变人们的生活习惯，慢慢地改变自然的土壤结构和气候。像这样翻天覆地的改造，只靠个人自发的力量是完不成的，这需要国家来制定计划，举全国之力和自然进行战斗，才有希望战胜旱灾。

但是道库恰耶夫也知道当时的国家统治阶级，只会保护统治阶级自己的利益，难道一个只会保护少数人利益，毫不在乎全国人民利益的国家，能够聚集全国之力和自然作斗争吗？即使国家当中也有比较有远见、有抱负，想为国家出力的官员，但是那毕竟是少数，而且他们在那种社会制度当中，也不能左右国家政策，不能铲除国家制度中的弊端。

命运之轮

柯斯特契夫出生在一个农奴的家庭，虽然他的出身低微，但是他打小就显示出了他的天资聪明，而且雇佣他家的女主人也十分欣赏他，所以就送他去莫斯科农业学校读书，希望他学成归来后，可以成为他家的管事。聪明的他很快就在中学时期崭露头角，当他中学毕业的时候，正好赶上国家政策的变化，农奴制被废除了，所以他不用再回到那个农奴的家庭了，于是他又考到彼得堡农学院去学习。

凭着他的聪明才智，他很快就成为当时著名的化学家的恩格卡尔德教

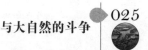

▲ 19世纪末的彼得堡农学院一角

授的学生，在当时要想成为他的学生并不是一件简单的事情，这不仅仅需要聪明的头脑，还需要上帝的眷顾。柯斯特契夫在实验室里分析着来自各个干旱地区的土壤和肥料，对于干旱对生活的影响，柯斯特契夫比谁都明白，因为他是农奴出生，所以他更了解农民的疾苦。他每天辛苦地工作，努力学习知识。他最后成了恩格卡尔德教授的实验助手。柯斯特契夫毕业后想继续从事科学研究工作，所以选择留校担任教职。而在实验室的闲暇之余，他和恩格卡尔德教授经常谈论除了农业之外的事情，比如说当时的政治，当时统治阶级的做法，只要是一谈起这些事情，大家都是显得既愤怒，又无奈。

　　看似柯斯特契夫的生活将要步入正规，但是这个时候命运又给他开了一次玩笑，一场暴风雨即将席卷而来。因为恩格卡尔德教授的实验室经常研究土地的改造方案，而且敢于直接发表相关的评论和意见，这些言论触到了当局的痛楚，所以当局对这个思想发源地进行了封锁，并且定义学生的聚会是非法的。

事情的导火索是这样的：一天清晨，在农学院的墙上突然出现了一份"告社会书"，它直接指出当局的错误做法，批判当局的行为，农学院的学生以这种方式来发泄对当局的不满，对警察的粗暴行为表示愤怒，而警察正是用简单粗暴的方式来对待他们，警察经常对他们进行突击搜查，只要发现一点点对当局可疑的东西，就立刻把东西没收、销毁，并把学生扔进监狱，进行严厉的处置。柯斯特契夫和他的同学这回就被关进了监牢，几天后他的老师也被关了进来。

当柯斯特契夫被释放出来的时候，发现当局对他们的态度马上变得更加苛刻，而且还千方百计地阻止他们走进实验室。他在一次偶然的机会进到实验室后，发现器具上面都有了很厚的灰尘，看起来在实验室工作已是不可能的事情了，所以柯斯特契夫不得已只能换份工作。

为了生计，他找到了一个试金所的工作。虽然这份工作不是他喜欢的，但是至少可以让他填饱肚子，如果连温饱都不能解决，更不要谈实验、理想了。经过三年的努力工作，他终于可以回到他喜欢的农学院了。他又可以开始研究土壤了，经过那段磨练，他的意志变得更加坚毅，思路更加宽广，更加坚定了他改造自然的决心，从此就再也没有离开过他喜欢的学科。

后来，他在全国的大江南北几乎都留下了足迹，他四处奔波，到处考察，记录数据，他的心从来就没有从土壤研究和研究耕地上离开过。他在杂志和报纸上发表了很多的文章，而且他还有自己的著作出版。柯斯特契夫的命运是那么跌宕起伏，但是通过自己的努力，他最后坐在了农业部长的位置上。

现在，我们经常可以看到一些教授和政治家的自传中写道，我来自农村或者我是农民的儿子。我们看到这个已经习以为常了，但是在那个旧的时代，一个来自农奴家的孩子，居然可以上学，而且还上到了大学，并且大学毕业后又留校任教，评选为教授，再到最后还当上了农业部长，这在当时看来，真是痴人说梦。

柯斯特契夫一直秉承着用科学的方法和旱情、饥荒作斗争，但是在残酷的现实生活中，他逐渐地体会到了，自己不过空有官名的农业部长，他的权力很大一部分都被当权者给剥夺了，可以行使的权力也是极少。他没有办法让贫苦的农民去更换农具，因为那需要不少的金钱，对此柯斯特契夫没有任何的办法。虽然很多事情他不能左右，但是他的内心还是存有希望的，他希望有一天，国家可以保护自己的子民，政府机构能够和广大群众同甘共苦，一起和灾难做斗争。

柯斯特契夫的一生看似有些传奇，很多人都非常羡慕，但是这些都是柯斯特契夫通过自己的努力得到的，不像有的人会阿谀奉承，成天想着如何升官发财。柯斯特契夫的头脑里面从来都没有这些东西，他的脑子中只有受灾的民众和如何战胜灾难。虽然他处在农业部长的位置上面，但是他的内心还是一个农业科学家的心态，只要他一想到俄罗斯农业发展的时候，他总觉得愧对国家，内心总有一腔战胜自然灾难的热血在燃烧。

第03章

·谁为敌人开路·

　　人们为了增加土地的使用面积，增加粮食的产量，肆意地砍伐森林，之后形成对田地的破坏，经过雨水的冲刷，土壤基本上都被带到河床里面去了，所以河道变得臃肿起来，峡谷被冲刷得越来越宽，这样干热风可以更加毫无忌惮地肆虐田地。

周游列国者

1892 年，柯斯特契夫几乎每天都在奔波劳碌，到处演讲怎样与旱灾作斗争，而在此时道库恰耶夫出版了《俄罗斯草原地带的过去和现在》一书，它的封面上有一只草原鸟，而最让人记忆深刻的却是封面下面还写着一行醒目的字："为了帮助那些歉收的农民而出版。"

而正是由于那句"为了帮助那些歉收的农民而出版"这句话，它好像变得与别的书那么的与众不同并有着深刻的含义，在当时几乎任何地方都可以看到这本书的宣传画。

▲ 俄罗斯干草原

道库恰耶夫的书对人们的帮助是肯定的，不但可以让歉收的灾民减少损失学会与旱灾作斗争，而且使还没有受灾的农民学到了怎么预防旱灾，这本书对当时的民众来说，真是获益匪浅。

这本书是通过想象中的一个游者，历经千百年，足迹遍布全世界，并用他所观察到和体会到的事情阐述科学知识的。一天，游者路过一座古老的城池，他向路人问道："这座城池是什么时候修建的呢？"路人用好奇的目光看着这位游者，回答："可能很久了吧，我们都不知道是什么时候建好的，只知道一出生的时候，它就在这里了。"

500 年后，游者再一次到达这里，而这里的一切都消失了，连一瓦一砾也没有看到。游者向一名收割的农民问道："之前这里的城池呢，怎么什么都没有了呢？""你这个问题真是奇怪啊！"割草的农民停下手中的活儿，微笑着回答说，"这里哪有城池啊，我从没有听到过，这不是天方夜谭吗。"

▲ 道库恰耶夫

又过了 500 年，游者再次到达这个地方，这次他看到了一条绵长的海岸线。他向一名正在打鱼的老者打听道："这里什么时候成了一片海了呢"。"这里一直就是海啊！"老者疑惑地看着游者，感觉他就是一个怪人。

这就是书中游者的故事，如果真的有这位游者的话，他一定见识了太多的自然变化，如果他真的存活了千年的话，他一定见过很久之前在俄罗斯大地上覆盖的冰层，见证了动植物的繁衍进化。

假如你读了道库恰耶夫的书，你就能想到他在俄罗斯草原地带的无数次旅行，那么你也一定能感觉得到，这位能够看到俄罗斯大地的过去与将来的研究家，与故事中的游者是多么相似！

道库恰耶夫和柯斯特契夫一样，他们对待科学的严谨都是一样的，所以这两位学者几乎都走遍了俄国的大江南北。穿越过未知的丛林，收集土壤标本，用独特的眼光去观察干涸的河床、查看被大火吞噬过的森林，去触摸人迹罕至的草原，感受大自然的变化，为此他们都付出了沉重的代价。

学者的耳朵是十分灵敏的，甚至比眼睛更容易感受到自然变迁的痕迹。倾听草原历史的声音，看着漫无边际的草原，看着干裂的河床，听着沙沙的风响，学者们仿佛一下就看到了草原生命的尽头，荒漠，这个词在学者无奈的眼神中流露了出来。

当地农民告诉道库恰耶夫，他们的草原好像一直都是这个样子，因为他们的父辈也是这么告诉他们的。

道库恰耶夫下定决心，要通过自己的努力去改变草原的现状，至少在将来减少干旱和庄稼歉收的情况，他把草原的过去与现在做了一番对比。通过大量的数据和事实来佐证自己的实验，他之所以有这样的决定，不仅仅是为了自己的科学事业，也是为了找到一条草原的复兴之路。

在世界上最肥沃的土壤上面，却总是出现让人吃不饱的现象，让人有对土地绝望的想法，这点让道库恰耶夫始终想不明白，道库恰耶夫就像细心诊断的医生一样，对草原进行全方面的诊断；要想真正地去认识干旱，去改变它，就应该去统一、全面的研究整个自然界，就像研究人身体器官一样，去研究农作物的表皮、水分、土壤和气候。不能忽略它们之间的联系和影响，它们是一个不可分割的、一个大的有机整体。

黑土地的痼疾

森林地带曾经是一个气候宜人，没有干旱，生机盎然，到处充满生命力的景象。在这个地带，森林几乎占据了 1/3 的面积，茂盛的森林，繁多的植物，通过它们发达的根系可以固住地表的流水和吸收到地下的暗流。

如果森林的位置处在水分线上面的话，水从山上流淌下来，通过大片森林的时候，就会变得很平静，水是从光秃的山坡上冲下来的，当流经森林时，由树叶和树枝构成的"垫子"就会吸附里面的水分，就像海绵一样，绝大部分的水分都被保留了下来。被垫子吸收的水分，在慢慢地渗透进土壤里面，直达地下深处。地下的水分又会被森林中的树木用根系吸收上来，从树根到树干再到树枝、树叶，再经过光合作用挥发到空气当中去，空气也慢慢地变清新起来。

在冬天里，森林也有自己吸收水分的方法，它们把地面上的积雪，一点点融化，渗透到土壤，然后再一点点地吸收进去。但是森林中的雪和别处雪的融化方式好像不同。首先大树被太阳晒热，然后大树再把热量传递给雪，树木当中的热量传递是非常漫长的，这个过程起码经过几个星期。

▲ 森林运用自己独特的方式留住水分

　　森林的每棵大树，就像火炉一样把地上的雪一点点融化，但是因为火炉的导热性能不是很好，所以过程比较漫长，雪也不是瞬间融化。当雪融化后，大地开始复苏了，春天好像也来了。这个时候的雪水也不会到处流淌，而是慢慢渗入土地中，慢慢地滋润土壤。

　　森林运用了自己独特的方式，留住了水分。但是留住的水分在哪里呢，森林在吸收完水分后，多余的水分就流向了森林的外面，慢慢留给了田地和河流。夏天的时候地下水位开始升高，田地里不知不觉地冒出些水来，一个夏天，江河里的水都没有变浅，因为森林里的缓缓流淌的小溪在默默帮助着它。由此可见，森林可以牢牢地控制附近一带的水，江河不会干涸，田地的水源不会流失，这些都是森林的功劳。

　　可是并不是所有人都能看到森林的作用，他们因为个人的目的，肆意地砍伐森林。无知的人们，只知道砍伐森林里可以增加土地的种植面积，庄稼就可以增加收入。正是因为愚昧想法的人越来越多，所以森林被破坏得也越来越多。

　　当人们砍伐水分线以下树木的时候，对水的影响还不是很大，表现得还不是很明显。可是，灾难马上就会来临，因为人们开始砍伐水分线以上的树木了。但是灾难可能并不像人们想象的那么快，但是只要是它来了，就无人能挡。

春天的时候，水开始变得多了起来，河床里面显得有点拥挤了，慢慢地脾气都暴躁了起来，也在短时间内，河床迅速地膨胀。河水渐渐地不受控制了，它们将地面上的一切都卷走了，包括黑色的土壤和上面的养料，当洪水退去后，地面上只剩下砂砾，砂砾被洪水带到每个地方，田地里的嫩苗也被砂砾埋葬。

夏天的时候，田里面没有一丝的水分，好像都要被烤焦了一样，好像任何一个地方都没有水分。这个时候人们才认识到森林的作用。

人们在草原上发现一种青草，它不但可以在冬天的时候把雪水储存起来，还能使土壤保持湿润，避免旱灾。但是当人们渐渐地将森林砍伐完后，土壤失去屏障，没有森林的保护，土壤只能独自对抗狂风，土壤里面有一种小团粒，它可以储存水分，因为它的构成比较紧凑，所以对抵抗风力也有一定的作用，但是没有树木，土壤开始慢慢地变得稀松，草地在一次次遭到伤害后，变得再也没有丝毫的抵抗力。

农民为了增收，又用农具把土壤弄得遍体鳞伤，惨不忍睹。等到庄稼被收割后，田地就会暂时被闲置下来，但是人们不会让田地有丝毫的喘息机会，他们又把牲畜赶到田地里去放养。土壤被牲畜任意破坏、肆意践踏。土壤经过一次次的重创之后，变得七零八落，支离破碎，慢慢地土壤更加不能与风斗争了。

如果干热风在草原上面席卷而过，马上就弄得尘土漫天飞扬，土地被风吹得千疮百孔，没有任何的招架之力，风可以把田地里的黑土壤吹得到处都是，甚至把它吹上天，成为黑色的风暴，这个时候太阳都被它遮挡住，可见它是多么跋扈嚣张。

干枯的土地，被炎热的夏天晒出了长长的裂纹，田地的水分早早地就被蒸发干净，如果这个时候有一丝清泉的话，那土壤就会恢复到原本的状态，但是如果有一场大雨的话，雨水就会把裂纹撕开，在经过雨水的冲刷，出现峡谷，这个时候的雨水不但起不到灌溉的作用，反而把土地破坏得更加彻底。

这个时候的雨水起不到任何的帮助作用，反而刺激了灾难的发生，在田地里面冲开峡谷，把里面的水分都带走了，峡谷存在的地方，它周围的田地就会变得非常干燥。峡谷就像是一只只张着血盆大口的狮子，将田地里面的一切都吞噬掉。

沙漠中的干热风这个时候也吹了过来，它是个不速之客。因为风中的温度极高，迅速把庄稼烤得焦黄，叶子曲卷。这个时候的森林没有之前那么威武，不能对干热风形成任何抵抗，只能由它为所欲为，冬天的时候，寒冷的北风也吹到这里，因为森林的缺失，风直接吹到了田地里面，田地里面的庄稼被寒风迅速打湿、冻死。

气候在这个时候，也开始有了变化，变得不再那么温顺了，冬天更加寒冷，夏天更加干燥。年复一年，河里的水越来越少，就连雨量丰富的夏季，人们也很少找到水的踪影。人们为了得到水，就开始把井挖得很深。这个时候的草原，旱灾变得越来越重，就连人们最信赖的黑色土壤，这个时候也不靠谱了，贫瘠的土地变得越来越多，原本紧密的土壤结构也开始松动，田地全都变得粗糙了，粮食的产量也急速下降。

▲ 干旱的土地

土地的水分早就流失了，干旱的土地这个时候就像生了重病一样，急需一名神医对它进行根治。

这个时候的道库恰耶夫恰恰就是一名神医，他诊断病情的时候说道："一个人无论之前多么健康，身体多么硬朗，但是一旦后期不能保证身体所需的营养，不能有效地休息，经常的劳碌，就会消耗大量的体力，身体就会慢慢地透支，身体机能就会慢慢失常，这个时候的人是非常脆弱的，一旦有个伤风感冒的，就会引起其他的病症，后果非常严重。现在我们草原地带的农业状况，和我说的情况不是很类似吗，就因为土地受到了伤害，所以破坏越来越严重，收成也在降低……"

有的医生经常带着一种冷酷的表情，即便是他们在为病人做检查的时候，也基本上面无表情，看上去比较木讷。可是道库恰耶夫虽然表情不冷酷，但是也比较沉重，甚至有些焦虑不安的情绪，因为他所面对的病人是自己国家的大地。他就像对待亲人一样，极其小心，仿佛怕加重病人的病情。他在诊断完病情后，开始为病人开具处方，他因为过于紧张和激动，所以他握笔的手在不住颤抖，写出来的方子，也没有之前工整，歪歪扭扭的。

"千万不能让土地再这样下去，否则它的病情就会极度恶化。"道库恰耶夫经常说道："我们一定要把土地的顽疾治好，我们要制定有效的方案，去改变农业机体的现状……"

道库恰耶夫把土地的病情告诉了很多人，并根据它的病情，开具了药方，希望可以缓解现在的病情。

土地破坏得这么严重，都是人类自己造成的，道库恰耶夫一直都明白这一点，这是因为人们为了增加土地的使用面积，增加粮食的产量，肆意地砍伐森林，之后形成对田地的破坏，经过雨水的冲刷，土壤基本上都被带到河床里面去了，所以河道变得臃肿起来，峡谷被冲刷得越来越宽，这样干热风可以更加毫无忌惮地冲到田地里面。形成这种局面的原因，不仅仅是知识的缺乏，还有更加深层次的东西在里面。

道库恰耶夫把造成这种现象的原因，在他的书里面轻轻地一带而过，但是在其他学者发表的著作当中，就有人直接指出了造成这种现象的原因。

是谁破坏了可爱的土地

我们打开马萨里斯基的书，仔细研读就会发现。通过书中上百件的实例，证明峡谷的形成和我们人类有着密不可分的关系。人们通过历史可以了解到峡谷在逐渐增加的原因，懂得地形、地势的变化。而在俄国出现峡谷灾害最严重的是农奴制废除的那一年——1861 年。但是农奴制的废除和峡谷的产生又有什么联系呢。

在废除农奴制后，农民得到一小块属于自己的土地，而且土地的产量也是十分有限，为了能解决吃饭问题，他们就开始把目光投向了长满树木的森林、峡谷的四周、山上的斜坡等，那些未被开垦的土地，由于这些地方，除去森林，其他的基本上都是处于斜面，面积也不是很大，形状也不是很规则，这种情况下牲口是上不去斜坡的，所以是帮不上任何忙的，他们只能靠自己的双手来开垦。

慢慢地，在山腰、山脚、峡谷旁的每个斜坡上，就被人们开垦出来了很多小面积的适合种植的土地。他们基本上都是顺着山势耕种，原本长在上面的杂草和矮丛都被清理掉了，当雨季来临的时候，这就给原本任意流淌的雨水提供了一个顺畅的排流通道，经过长时间的冲刷，被开垦的地面上的表层土壤就变得越来越少，地面上面不断地出现越来越多的小深沟。而这些小深沟在通过雨水日复一日，年复一年的洗刷，它就变得越来越宽，越来越深，而这就是峡谷形成之初的雏形。

土壤通过洗刷慢慢地变少，土地生产的谷物产量越来越低，当到达一定程度的时候，人们就放弃了在这上面种植。但是人不会让土地闲置起来，他

们就把牛羊赶到那里，这里就成了牲畜的乐园，当然乐园没多长时间也就不存在了，因为土壤的流逝，草在这里生长得也是十分稀少，很快就不够牲畜们食用。当土地变得一无所有后，在烈日、狂风、雨水、牲畜的共同作用下，斜坡慢慢地不再适合人和家畜的活动，慢慢地被人们所抛弃，而它也向着峡谷的形成迈出了重要的一步。

当土壤没有任何的保护措施的时候，它就会变得很柔弱，等牲畜把地面上的青草基本上啃光了后，就没有什么可以束缚得住沙子了，风一下把它吹到了天上，它像断线的风筝一样到处乱飞，慢慢地沙化现象越来越严重，沙子被吹得到处都是，河里、树上、最后是人们的房屋上面，人们只能远离家乡，这样耕地面积逐渐地减少，农民被迫在峡谷和斜坡上面开垦土地，而地主也加紧开垦，显然他的开垦不是为了解决温饱问题，而是占据地盘和增加收益。

人们认为每年土地都会有不可避免的损失，这都是正常的现象，农民只能靠增加峡谷和斜坡上面的土地面积来增加收入。当时的人们并没有认识到过度开发是对土地的破坏，他们对土地越来越不关心，马萨里斯基看到后非常愤怒，他把收成的不足归结为对土地的不当开发，但是他并没有认识到造成这方面的真正原因是当时的社会制度。

▲ 克里米亚大峡谷出口处的河滩

峡谷在一点点地被破坏，马萨里斯基深深地知道峡谷带来的灾难，所以人们必须要与峡谷作斗争，并且要迅速地全面地战胜它。

政府和地主并不愿意花钱来阻止峡谷的扩张，而农民没有足够的力量，在没有涉及政府和地主的利益的时候，他们经常是袖手旁观，大片的森林被砍伐，大面积的山坡被开垦，人们的过度开发，助长了峡谷的形成，这远远超出了人们的想象。而这个时候和峡谷作斗争，简直就是以卵击石。有几位学者编著的一本名叫《俄罗斯》的书，上面描述了地主是怎样破坏森林和耕地的情况，这本书的影响是巨大的，而这书中还描绘了以前的自然景观：森林的茂密，草原的辽阔，河流的奔放，湖泊的宁静，高山的挺拔，平原的广阔等等。

书中不但描写了自然的力量，也写到了当时的人，并且还收录了当时的名人录：

斯特列卡洛夫，工厂主。

斯特莫列霍夫，地主。

斯特罗冈诺夫，男爵、地主。

斯特罗威，工厂主。

斯特罗威，地主。

斯特罗威斯基，地主。

斯特罗柯夫，商人。

斯特罗卡洛夫，工厂主。

苏剑柯，地主。

苏柯夫金，地主。

由这些名人录可以看出沙皇时代掌握社会财富的人群，上面的地主、工厂主、商人他们才是国家的主人，书中还阐述了他们是怎么当家作主的。

"早在 19 世纪初期，地主如何能够把自己拥有的更多山地变成耕地，就认为那是最好的主人。"

"农奴被解放之后，地主们不再将木材给农民了，而是将砍伐的木材出售给商人，从中获取利润。"

"想从自己的庄园中，多弄一些木材回来，就只能够靠砍伐森林来出售木材了。"

　　"农民们一点森林也没占有，而地主与国家则拥有大片的森林，农民甚至连一根枯树苗也没有……"

　　根据上面种种的阐述，可以不难发现，地主掌握当时的森林资源，而他们却没有把森林保护好，甚至形成了浪费，最主要的是他们不怕自己浪费，就怕被农民盗伐树木，这里你不要认为地主是怕破坏树木，其实地主是怕盗伐的树木被农民利用起来。当时地主的处事原则是，宁可让树死掉也不能让农民用掉，可见当时的社会是多么黑暗。地主还会在森林中安排巡逻队，队员们时刻倾听四周的声音，企图通过声音来发现盗取树木的农民，哪怕农民盗伐了一棵树，也要受到严厉的惩罚，被关进监狱。而地主呢，他们可以随意地把大片的森林卖给别人，然后让别人任意砍伐，这简直就是俄国版本的"只许州官放火，不许百姓点灯"。当时的地主和商人，是不会对森林产生任何怜悯之情的，他们只关心所拥有的财富的增长速度。在他们看来，世界的万物都是可以用钱来衡量的，所以他们把钱看得比任何事物都重要。

　　当时的一位学者指出，如果现在还不采取措施的话，不久的将来我们的黑土区，甚至是我们的国家都可以变成沙漠了，但是对于当时只关心利益的统治阶级来说，这些话好像都没听见一样，虽然当时的一些报纸杂志上面也有一些批评砍伐森林导致土壤变坏的文章，但是大多数人们都对此置若罔闻。

　　森林被任意砍伐的现象，好像越来越严重了，只有在粮食的价格高于树木的价格的时候，砍伐的现象才有所缓解，因为人们开始注重生产粮食了，因为粮食带来的利润更加客观。粮食和树木价格的高低决定了地主关注的方向，只有当木材与粮食的价格低落时，或者当伐木与开垦荒地变得不划算时，才会稍微地停顿一下。在彼得堡的交易市场上，同样一件商品在不同的时间里都有不同的价格。今天木材或者粮食的价格还很高，明天就跌入谷底了；今天价格高得让人双眼发昏，明天又直线下滑了。这些都是市场上的把戏，这个把戏掌握在少数人手中，价格忽高忽低，就像一个患上寒热病的人。整个国家也跟着患了寒热病一样，相互传染。

就这样出现了一个奇怪的现象，森林一会儿被疯狂地砍伐，一会儿又停滞了下来，都是价格惹的祸，当价格下跌的时候，地主就会把砍伐下来的树木扔到一边，可是因为森林里潮湿的空气，所以有的树都开

▲ 砍伐后的森林

始腐烂了，等到价格上涨的时候，这种树基本上就卖不出去了，只能扔掉。有的时候树木被人扔成一个小丘，风吹过的时候，在缝隙中间出现呜呜的声响，就像树木在哀鸣。在旧制度下，地主和商人对待森林就是这样，森林只是他们提钱的工具而已。他们先进行圈地运动，把森林划到自己的区域，然后占为己有，再后就是随心所欲地砍伐了，想怎么处置就怎么处置，他们扔掉的树木到处都是，而这个时候的农民却什么都没有，土地都是最贫瘠的，更不要说树木了。

地主和商人把持着所有的树木，如果谁家的房子需要修补的话，那你只能去向他们买木材，因为没钱要是向他们借的话，那更是白费口舌了。

《俄罗斯》一书中有这样的描述：低矮的茅屋匍匐在大地上，显得陈旧而黝黑，很奇怪的是，它们大多没有烟囱，由于缺少木料，房屋大多都是各种杂料拼凑而成的。残破不堪的篱笆根本无法给牲畜们提供一个温暖的圈舍，

于是农民就把一些小牛、小羊和小猪都赶到低矮狭窄的房屋里去。这就很容易想象了，当这些小牲畜与农民居住在同一个屋檐下时，屋子里将很难再有什么清洁与秩序了。上房屋本来就很小，全家人挤在一起，如今再加上这些小牲畜，其拥挤程度就可想而知了。

农民被逼无奈，只能在他们的院子和围墙的四周和粮仓的附近种上白杨。因为到处都是白杨树，所以村里面的巡逻人员，时刻注意这些白杨树，生怕不小心引起火灾来。村里的人为了冬天取暖，所以把房子建成没有烟囱的，因为那样可以比有烟囱的保暖效果好一点，但是屋子里面的光线比较暗，人在里面行走比较麻烦，他们用火炉取暖的时候，因为没烟囱，所以弄得房间里面浓烟特别大，而上了年纪的人们，行动不便，没办法从火炕上面下来，所以只能躺在浓烟中，以致居住在屋里面的人们只要是上了年纪，眼睛基本上都不好使了。

因为木材被严格控制，所以人们只能用草当燃料，这些生活的场景在《俄罗斯》的书里还有详细的记载："因为是牲畜的原因，所以农民的房屋被挤破了，地上都是泥土；因为是茅屋顶的原因，所以乡村的外貌上蒙了一层灰；因为是烟的关系，所以老人们的眼睛在很早以前就不再明亮了；因为……因为……"

难道真是因为这些原因吗？因为牲畜？茅草？烟？当然不是的。这都是因为"那些不把木材给农民的人"。

农民因为买不起木材，所以只能把房屋建得很小，这样才可以节省木材；因为没有木材，所以他们没有浴室，不能取暖。这一切都是因为木材太贵，而造成木材太贵的幕后黑手是地主，因为他们随意地波动着木材的价格。

怎么来安抚农民不安定的心，这些都不是地主关心的事，这需要政府来控制，而这个时候，政府所关心的则是因为有很多的白杨树，而农民的房屋大多都是茅草的，所以他们考虑怎么防止火灾的发生。

因为村庄房子的绝大多数都是用茅草建成的，房顶上面基本上都是干草。

也许我们平时燃烧干草的时候，好像并不是很热，但是当所有的茅草屋都燃烧的时候，释放的热量就会很大，村子马上就变成了火炉。

风带着烟尘飘得到处都是，风越来越调皮了，这些可吸入的颗粒充斥在空气中，小孩子都不能正常呼吸，体弱的老人和病人都快被这烟灰和热量熏死了。

这所有的一切，都是因为茅草的缘故，由茅草的燃烧造成的后果，但是最根本的是因为没有木材，所以农民只能用茅草盖了屋顶。人们的房子几乎都是用干草建成的，而且火炉里面燃烧的也是干草，就连人们的炕上都是放上一堆干草，人们在上面睡觉休息。

即使这样，人们还是满足现状的，毕竟用干草建成的房子，可以住，可以睡，可以烧饭，可以取暖。

农民已经变得一无所有，他们没有几粒粮食，没有一点饲料，就连生活的木材都没有，更不要想在房子上面用木头了，他们只能用稻草来建房子。在歉收的时候，人们无奈地把房顶上面的稻草弄下来，给牲畜充当饲料，人们毫无办法，只有当春天来的时候，才能缓解一下压力，因为春天可以用苔藓和艾草来做燃料，或者用杂草和牲畜的粪便，但是如果把粪便点燃后，气味会不太好闻，并且粪便产生的浓烟，也会对人有所伤害，尤其是人的眼睛和呼吸道，但是如果燃烧干草的话，那带来的浓烟则还要多，对人的伤害更加大，如果真的把粪便都燃烧了，那农民的土地就没有肥料了，本来土地就比较贫瘠了，再没有肥料的话，那后果是相当严重的。

因为他们没有足够的草地，没有可以利用的森林，没有干草和木材，所以他们只能通过拆西墙补东墙的办法解决问题，把自己屋顶上面的干草弄下来让牲畜填饱肚子，这样人们的房子就没有房顶，把动物的粪便用来做燃料，所以地里面就没有肥料。在这种状态下，粮食只有那么可怜的几粒，人们又把牲畜赶到田地里面，让它们自由成长，之后土地被破坏得更加严重。

自然链条

如果想要持续发展下去，就需要草地、森林和田地互相扶持，但是在农民的经济体系中，仿佛只有田地，因为田地可以最直接地给他们提供粮食。

在《俄罗斯》这本书中有着这样的记载：由于农民只分到了一小部分的耕地，而之前也没有森林的屏障，要是连青草都没有的话，那就是雪上加霜了。饲料的减少，就不能满足牲畜的草料；牲畜到处寻找青草，没有计划地乱啃，生物链就开始了脱节，虽然这只是一个环节，但是到后面的影响可能就是不可想象的了。

▲ 19世纪末俄国农村

人们认为深翻土壤可以改变土壤的贫乏，他们不断地用牲畜来翻耕土地，牲畜本身的需求都不能满足，就更没有力气去参加劳作。由于没有饲料，所以牛马等牲畜都很瘦弱；由于牛马瘦弱，人又就不得不把铁犁拿来换做木头犁。而正是这其中一系列的改变，增加了人们很多本来可以避免的劳作。而这恰恰就是因为上面的一系列环节的变化所致。

在《俄罗斯》这本书中，还详细地记载着："农民之所以会选择木头犁，主要是由于农民的牲畜缺乏饲料而普遍瘦弱不堪的缘故。"。人开始用木犁来劳作，土地能改变现状吗？也许应该把耕作的深度加大，因为相比较而言，深层次的土壤保护要比浅层次的好，因为浅层次的土壤基本上都变得松弛，而且土地里面的矿物质也基本上都被冲走了。

农民向下深挖1米，在1公顷的田地就相当于把7000多吨的土壤翻一个遍，这是个多么庞大的数字，可见工作量是多么艰巨，如果把土装到车厢里面的话，估计要几十列标准的货物列车才能把它们运走。

农民深翻土地需要工具，但是他们手中只有木犁，这就比较困难了，他们需要大型的拖拉机，即便是没有，也需要强壮的牲畜，还有铁犁，但是这些东西农民都没有，所以农民还得忍受现状。

罪魁祸首

如今，干旱、歉收、饥荒，就像大海中层层的波浪一样，一波连着一波席卷而来。

在天灾面前，人们显得那么无助，人们只能在日常的谈论中发泄对天灾的不满，慢慢地在当时出现了一种言论，影响了较多的人。

比如：我们的灾难是由于太阳上的黑子造成的，然后一些言论家拿出一些数据来佐证这些，最后得出太阳上面黑斑多的年份，干旱就严重，因为当

时的农民愚昧，言论家又有数据证明，所以大多数农民都是很信服这个说法的，都把罪恶的矛头指向了太阳和那上面的黑斑。但因为太阳代表着上帝的意思，所以灾民只能是愤愤不平，敢怒不敢言。但是事实呢，当时的言论是多么玄妙啊，用现在的科学来看，其实人们可以通过自己的力量来改变现状的。

造成歉收和饥荒的真正原因是我们对脚下的土地不合理地开发利用所致，与言论家所说的太阳上面的黑斑一点关系都没有，只是当时少数的学者这么认为罢了。

其实造成经济衰退的原因还有一个就是两极分化的产生，贫富差距越来越大。因为在废除农奴制之后，人们得到的土地是从地主那里分来的，农民得到的土地不但面积小，而地主把最贫瘠的土地分给了农民，而他们依旧把持着肥沃的土地，所以两种土地的产量对比，结果可想而知。

如果让言论家看到的话，他们会不会又出来一种言论，农民的土地是被太阳的黑斑照射的，而地主家的土地没有被黑斑照射，要真是那样的话，可真是会让人笑掉大牙的。幸亏言论家只在城市里面，不外出，所以也没有机会给我们提供这个笑料。

再加上地主家本来就有一些生产劳作的资本，牛肥马壮，而且生产工具是新式耕犁，不知要比农民家的工具好上多少倍。虽然地主把土地分给农民一些，但是主要的还是在他们手里，而且基本上都较为平坦，牲畜耕作起来也是比较方便。地主和农民本身资本的储备就不同，这也是造成贫富差距的另一个重要原因。

农民的土地少，产量低，虽然可以开垦些荒地，但还不能满足生活的需要，所以他们被迫无奈地又向地主伸手，但是地主可不会白白把土地送给他们的，农民需要付出高额的租金，虽然明知道除去租金基本上就剩不到什么，但是为了可以填饱肚子，农民也只能委曲求全了，这样，一种区别于农奴制的剥削形式就产生了。

农民从地主的手里租赁土地，付出高额的租金，如果不能及时交上的话，地主就会动用为他们看家护院的打手去威胁、恐吓农民，然后让农民在缴纳更加难以支付的租金，就是现在所谓的高利贷。这样农民又出现了吃饭的问题，农民整天在地里劳作，而收获的却都成了地主家的，有时甚至还不够，需要来年继续缴纳，农民只能把自己的一生都押上，去偿还那年复一年的债务。

农民没有办法，只能长期受雇于地主，而且变卖自己的财产，瘦弱的牛马和破旧的农具，贫瘠的土地，虽然地主表面上还非常不情愿地出资购买这些，但最终还是得了最大的利益。更有甚者，有的农民还把自己的子女送到地主家去当童工或者童养媳，农民在最后什么都卖完的情况下，只能把自己也当成牛马一样卖给了地主。

就这样可以自主生存的农户越来越少，农户基本上都陷入了困境之中，这也阻碍了农业经济的发展，农民仍然需要去忍受饥荒，而地主又不断地压榨农民，官员又是那么不近人情，因为地主、官员之间好像一开始就达成了一种默契。

▲ 农民破产了，只能以出卖体力为生

一部分农户成为了地主的剥削品，而另一部分农民，却早已出去逃荒，而且这样的农民是越来越多，有的县城，一进去都是空荡荡的，都成了空城。逃荒的农民说，如果我们呆在这里不是被干旱和饥荒给夺取生命，就是被当地的地主和富商们给压榨死，所以还不如逃到更远的地方，或许还有活下去的希望。

农民牵着瘦小的牛马，带着仅有的钱财和物品，从自己的故乡逃荒而去，他们只能靠一路的乞讨来维持自己和牲畜的生存，而能得到的食物也是十分有限的，而且不是每天都能乞讨到，所以他们只能祈求上帝对他们仁慈些，让他们能度过难关。当他乞讨不到的时候，他们只能独自忍受饥饿与寒冷，一部分实在忍受不了，就想再回到故乡，哪怕是给地主当长工，至少不至于饿死。所以他们又风尘仆仆地赶回去，因为饥饿和寒冷，有的亲人却永远地停留在路上。回到家里已经是一无所有了。

政府怕逃荒造成灾民成灾，治安状况下滑，损害地主、官员的利益，所以他们决定降低土地的租金和提高农民的收入来试图挽留住农民，因为他们想对农民逃荒进行有效的管理和控制，但是对于大批量的逃荒人员，政府和地主给予的条件是十分苛刻的，所以他们提出的相应措施是不能阻止农民的逃荒。

农民得到了小部分的土地，而后又失去了它，又相继失去了森林、家畜、亲人，最后连自己都不能受自己支配，所以他们只能选择逃亡，想去远处找一个不被政府监管，地主霸占，不用缴纳租金，完全属于自己的土地，而这仅仅是人们的梦想，地主和政府是不能让农民的愿望实现的，只要是有点学识、有点思想的人，就会看透这个问题。农民一旦选择了逃亡，地主家的长工就会减少，租金就会降低，地主所上交的税收就会较少，而政府的利益就会受到牵连，所以政府一直强调劝阻人们逃亡，宣传逃亡的路上有极大的困难，甚至夸大逃亡路上的死亡率，希望用此来控制逃亡，以保证地主和政府的利益。

农民的处境越来越困难，有一部分农民病死或者饿死在逃亡的路上，而选择留守的农民最终也是被地主压榨得妻离子散。在这种多重矛盾的情况下，一种新的生存方式又产生了，那就是团结起来去地主那里抢回自己所失去的；瓜分地主的财产；反对政府的措施。就这样矛盾在逐渐升级，从一场场游行示威最后演变成了大规模的农民起义。

　　但是农民毕竟没有很高的思想觉悟和团结大众的精神理念，在前期有阶段性地取得成功后，人们开始散漫起来，不再像一无所有的时候那么团结，人们开始各自为战。当政府组织军队来镇压的时候，犹如秋风扫落叶一般，农民几乎没有什么抵抗，就失败了。一切好像又回到了以前的状态，甚至比以前的条件更恶劣，因为政府和地主感觉对农民不能有丝毫的同情。

　　农民逃亡、给地主当长工、农民起义……这一切的最终原因是什么呢？是因为土地的贫瘠，不能解决人们的温饱问题。谁该为此负责任呢，罪魁祸首应该是政府，其次是地主，还有一些无知的农民。

▲ 渐渐荒芜的土地

　　政府面对农民的生存状态置若罔闻，只要不损坏国家利益，就对地主的压榨不闻不问。他们制定的国家制度，都是保护自己的利益。而地主更不愿把土地分给农民，因为那样就不能坐享其成了。所以他们把产量低、劣质的土地分给农民，再把自己肥沃的土地租赁给他们，收取高额的租金，并利用自己的打手发放高利贷，一步步对农民实行紧逼，让农民慢慢地失去自己的家园。另外，一些无知的农民，在温饱都得不到保证的情况下，却肆意开垦荒地。盲目地去追求产量，对土地的索取往往超出了它们的承受范围，所以土地慢慢荒芜了，而且荒芜面积迅速增大，最后成了峡谷、沙漠。

　　从历史的长河中不难发现，在严酷的政府控制和残酷的地主剥削下，一次次地爆发大规模的农民起义，但都很快被镇压了下去，直到后来我们众所周知的十月革命。即便是旧政府被推翻了，地主的土地被从新分配了，但是真正造成干旱、饥荒的根本原因是什么呢？一部分有学识的学者已经观察到了问题的所在，那就是对自然超负荷的索取，人们对土地的期望值往往都大于土地的实际能力值。只有通过科学的方法，合理地开发使用土地，才能够从根本上解决干旱和饥荒的根本问题。

　　道库恰耶夫在他的书中也大胆地描绘出人与自然的斗争，因为他一直坚信，在不久的将来一定可以通过科学的生产力战胜大自然，让干旱不再肆虐，让饥荒远离人类。

第04章

一场没有硝烟的战争

在光秃秃的山丘上种植树苗和绿草，这样，经过几年的改造，远远望去它是漫山遍野的绿色，就像以前一样，吹来阵阵凉风，让人神清气爽。

给土地的"药方"

道库恰耶夫通过多年对土地的研究和实地的考察，把自己的所见所闻所感，用实际例子一件件表述出来，这样可以让更多的普通大众好理解。当然教授在陈列事实的时候，也给出了自己的建议，就像医生给病人开具的处方一样，如果按照建议去做可以有效地控制自然灾害。

在光秃秃的山丘上种植树苗和绿草，这样，经过几年的改造，远远望去它是漫山遍野的绿色，就像以前一样，吹来阵阵凉风，让人神清气爽。草原上的峡谷和沟壑也要种上绿色植物，这样就可以稳固河水，让水流慢慢地平静下来，不再是匆匆的过客，水里带来的淤泥也慢慢地沉积下来，人们可以修筑起堤坝，来储存流水，用于灌溉，在沉积的淤泥里种上树苗，来稳固土壤的再次迁徙。当然也要在堤坝上面种植树木，来增强堤坝的稳固性。

在峡谷上建立堤坝好像比较容易实现，但是在草原上面怎么建立堤坝来留住水源呢。原本郁郁葱葱的草原被开垦成了荒地，而且出现很多凹凸不平的小盆地，盆地的底部可以储存少量的水，人们可以在这个小盆地的周围先种上比较高大的树木，这样来保证水源的巩固，而且在冬天，也能有效地把雪聚集在一起，等到春天雪融化的时候就又流入了小盆地，植物再通过发达的根系把水分吸收过来，这样就形成了一个可持续发展的生态循环。经过长时间的生态休养，草原又开始恢复了以前的生机。

当然一些学者也提出了另外一种观点，他们认为，应该科学合理地耕种，土壤被一年年地破坏，土质在变得恶化，通过普通的绿化种植来改变现状，需要一个漫长的过程。如果有一种新型的植物品种，它更适合于干旱的土壤和气候，这样就能够迅速地改变现状。但是学者们用了几百篇的论文研究总结，也没有得到最终的结果，最后只有一个计划大纲。

道库恰耶夫认为，自然界的个性是十分鲜明的，如果你对它不好，它一定会睚眦必报，用多重的灾难来惩罚你；如果人们对它进行合理开发，它又会给人意想不到的收获。虽然自然界很难控制，但是人定胜天的信念一直在道库恰耶夫的脑海中——自然界里的一切都是美丽的。风、风暴、旱灾、干热风等之所以被称之为灾祸，只是由于我们不能完全地控制它们。其实，只要好好地研究它们，学会管理它们，它们会对我们有所帮助的。

道库恰耶夫的研究就像一付药方，带来了大自然康复的希望。但是这一切能不能变为现实？能不能算是对症下药？道库恰耶夫也不是很有把握。他写道："如果病人不愿治疗的话，那么任何人都帮不了他。"

道库恰耶夫马上投入到他制定的大纲方案之中，之后很多学者也加入了道库恰耶夫的队伍。当时的权威人士威廉姆斯院士曾经给出了这样的评价：这是一次推动，它用农业科学的力量推动了社会前进，并指导着人们沿着科学的道路前进。虽然好像一切都朝着好的方向发展，但是道库恰耶夫知道，前面还有很多未知的困难，为了不再让灾害来残害人民，道库恰耶夫写了一本关于草原实验的书，书中阐述了自己的美好愿望，鼓励人们为实现美好的愿望奋斗。但是道库恰耶夫没有等到这本书的出版就去世了，当然他也没有看到政府面对灾难的任何改变。

有的困难我们通过自己的努力可以解决，但是有的困难我们就需要得到政府的帮助才能够解决。比如田地的统一规划，水利的整修，设立专业机构研究河流、农业等方向。但实行这些措施，政府要前期投入相当多的费用，很明显统治阶级不愿这样做，所以在学者们多次建议后，仍然拿经费紧张、国库空虚来搪塞学者。

学者们同时计算出了每年政府大概支付的费用，相比较受灾而损失的费用，简直就是九牛一毛。在灾害最严重的1891年，原本政府接受了学者们的建议，表示会适当调整，但是最终的结果仍然是让人失望的。

一场没有硝烟的战争

与干旱斗争到底

在当时的舆论压力下，政府也不是一点都没有作为的，在不花钱的情况下，还是显得比较配合的。1892 年 6 月，俄国由林业部组成了一个专门的考察团，并且任命道库恰耶夫为考察团的团长，这个考察团负责考察俄罗斯的草原地带的各种林业和水利方面，林业部授权他可以选择三个地方来进行试验。

道库恰耶夫和他的团队在全国各地进行考察，最终选择在霍连诺夫斯可伊、斯大罗别里斯基、大安那陀里斯基三个地方进行试验，还制定了这片区域的抗旱计划，建立了气象站。随着工作的深入，他的团队的成员也逐渐壮大，他又指派一部分测量人员、地质学家、土壤学家等去草原上测量数据，之所以这么多人来到这里，是因为他们想改造自然。

他们需要先去研究这片土地。因为通过实地的考察，才能得出最准确的数据，才能制定详细的计划，才能让土地有所改观，之前的数据基本上都是从书籍中得到的，可能由于测量的原因，现在看来，之前的很多数据误差都比较大，所以人们只能重新全面地检测、记录、汇总。

就在这种大环境下，有着俄罗斯第一气象站之称的斯大罗别里斯基的气象站建成了，不过人们喜欢叫它特鲁谢夫站。特鲁谢夫是一名志愿者，自从来到这里后，就长期定居了下来。他在平原上种上了树，挖好了池塘，特鲁谢夫种植的树木越来越多，而离它不远处是两处禁止砍伐的森林霍连诺夫斯可伊松林和希波夫森林。

越来越多的树木慢慢改善着土壤和气候，人们习惯性地把特鲁谢夫称为森林的管理员，这些树木对草原的影响是巨大的。

道库恰耶夫的计划就是种植树木，形成小规模的森林带，然后再建成大面积的实验区，来研究森林对自然生态的影响和对庄稼收成所带来的影响。

道库恰耶夫没有任何经费，虽然这项工作是属于林业部门管辖的，但是他们认为，管理森林才是他们的责任，他们不理解管理为什么需要经费，而且不需要对森林做任何事情，更谈不上研究，那些都是没有必要的事情。他们不可能知道道库恰耶夫也对森林在研究，最深层次的是想改变土壤，保护土壤。

　　在这些管理部门之中，每个部门都有自己的事情，不会触及自身以外的地方，所以他们认为林业和农业部门两者本来就是一点关系都没有的。每个部门好像都很专注自己管辖的区域，而看不见部门之间存在的联系。如果向他们解释自然界是统一的、整体的、互相影响的，这是一个十分有深度的课题，而且他们也不会理解。

　　道库恰耶夫虽然在计划的实施上与政府据理力争，但是最终还是放弃了，他开始的计划也没有完成，土壤学院、土壤博物馆这样的设想只能存在于他的报告当中了，原本身材高大、目光坚毅、坚韧勇敢的他，到最后却像是个受气的小老头。

　　虽然他创建的学院没有完成，但是他在这个领域也研究了很多年，可以说是土壤学的创始人，正是因为他的研究，才使广大的学者开始了对土壤的研究，对土壤的成分和分布规律有了了解。

　　有些人了解了土壤学的皮毛知识后，就开始对研究团队指手画脚，说外国也有抗衡干旱的方法，借鉴过来一定也可以实施。这遭到了特鲁谢夫的驳斥，特鲁谢夫认为，每个地方的土壤是不同的，干旱的原因也不完全相同，只有因地制宜，才能制定合理的方案，才能有效地对干旱和其他灾害进行预防和遏制。

　　道库恰耶夫发现土壤并不是单纯的混合物，而是多种物质有机地组合在一起的，而且土壤也可以是一个循环体，它也有一个产生、发展和死亡的过程，经过与其他物质的再结合形成新的土壤，它是自然界重要的一环，它把有机物质和无机物质紧密地联系在一起。

　　道库恰耶夫通过多年的研究，他自信地说，只要知道当地的气候和绿色植物情况，他就可以说出土壤的主要构成。人们在后来多次实地考察中也证

▲ 俄罗斯森林

实了道库恰耶夫的能力，每次的预言都是那么准确，他把全国的土地分布规律都总结了出来。

例如，山岭地带的土壤分布。山脚为草原地带的土壤；山腰为森林地带的土壤；山顶为严寒地带的土壤。道库恰耶夫是一个学识很渊博的人，他还对地理学和化学有着很深的造诣，他的研究成果在国际上也享有很高的荣誉，在每次的国际表彰会上，几乎都有他的名字，他的奖杯和奖章数量已经到了常人不可想象的地步。

虽然他的学术取得了巨大的成就，但政府对他的研究并不认可，甚至指派一些部门的工作人员去妨碍他的研究，只要他一申请项目，政府马上就在上面批复"现因经费不足，停止研究"等字样。道库恰耶夫对此也是无可奈何，虽说心中气愤，但他还是在这种不得志的情况下日复一日地工作。

好在他的家人、学生和朋友都一直鼓励他，给了他很大的支持。他的学生——西比尔契夫、捷米雅谦斯基、列文生、葛林卡、维尔那德斯基；他的同事、全国知名的学者——门德雷也夫、苏威托夫、别凯托夫……这些人一直都在鼓舞着他，在资金方面也给了他很大的支援。道库恰耶夫几乎把所有的积蓄都投入到科学实验中，他的生活条件非常艰苦。因为整日工作而得不到很好休息及长期的营养不良，他的身体状况每况愈下，1897年道库恰耶夫病倒了，他的研究工作只能交给了他的学生，因为经费问题，卡敏草原的研究在两年后也被迫停止了，试验区的组织也被解散了。

虽然研究被停止了，但是前期的几个试验所得到了保存，当局在随后的日子里面，又把实验室征用了，好在当时的研究资料还是被保留了下来。最初考察团的所有项目陆续停了下来，几年后道库恰耶夫在遗憾中离开了人世，所有的研究都被迫停止了。

第05章

·改造自然的第三个勇士·

生活似乎已经证实了土地肥沃衰减定律的存在，以及它的不可改变性，因为几乎在俄罗斯的任何土地上，它的收成都是每年递减的，肥沃的黑土壤是这样，而农民贫瘠的土地甚至连杂草也不愿意生长了。

勇士与幻想

有一首赞美神仙的诗歌，说的是神仙的高大威猛，无所不能，但是想要把一个装满泥土的袋子举起来却是那么困难，用尽了全身的气力也是没有把袋子挪动一下。

这首诗歌比喻的是土地的耕犁，如果只靠人们徒手深翻，或靠旧式的耕犁，效率是很低的。土地好像变成了恶魔一样，时刻缠着农民，时刻与农民作对，不过人们相信在不久的将来，肯定会出现一位可以帮他们解决这个问题的奇人。虽然不知道什么时候出现，他们也只能坚持。

于是，当土地的战争处于胶着状态的时候，一个名叫威廉姆斯的人出现了，他帮助人们抢得了胜利的先机。

▲ 威廉姆斯

威廉姆斯是彼得洛夫林学院的学生，他立志要弄清楚怎样才能战胜土地，让人们对它可以自由地控制，他首先想到的是如何提高土壤的肥沃性。他在土壤实验室里埋头苦干，整天做着实验，认真记着实验的数据，然后再去图书馆查阅资料。经过多次的实验，他自创了一种新型的实验方法，而且他在实验室自己组装了设备，这样就能够更好地对土壤进行分析，这个方法比以前的任何一种方法都要方便快捷得多。

威廉姆斯对土壤的研究非常刻苦，他只要一进入彼得洛夫林学院实验室就到了忘我的境界，每次都是最后一个离开实验室的。平时他在回家的路上还在分析自己的工作进展，人们可以通过他的步伐判断出他今天的工作状况，有时迈着轻快的步子，表明今天的实验很是顺利；但也有时走得很慢，这是他在分析着实验的不足，他在想，通过蒸馏、分流、溶解的分离方法，并不能发现土壤的秘密，能不能找到一种新的分离出土壤中所有物质的方法呢？所以，有时他走到家都已经是深夜了。

他做完自己的功课后，拿出了晚餐，就是一小块面包，其实他的早餐和午餐也是一样，虽然吃浸水的面包让他有种难以下咽的感觉，但是他知道，只有消化掉它，才有能量去工作，才有可能实现自己的梦想。晚餐后他还会借着街道的灯光看会儿书，然后再入睡。

饥肠辘辘的生活，以及日夜的焦虑情绪，时刻折磨着这位勇士。从威廉姆斯的饮食起居上就可以知道，他的家境不是很好。他是一个大家庭的长子，家里兄弟姐妹有7个，所以他要起到勤俭节约的表率作用。他的母亲以前是个农奴，后来嫁给了铁路上的桥梁工程师，也就是威廉姆斯的父亲。但不幸的是，威廉姆斯的父亲过早地去世了，所以现在是母亲一个人抚养7个孩子。

威廉姆斯就是在这样的家境中长大的，虽然平时比较拮据，吃的营养也跟不上，但是他还是长得高高大大，很是健壮。上中学的时候，他还参加了莫斯科河上的划船比赛，最后他和要好的同学成了那次比赛的冠军。

虽然在通往科学的道路上困难重重，可他却从不退缩，因为生活的拮据，所以他住得离学校比较远，需要每天步行经过整个莫斯科城，但是威廉姆斯始终坚持，因为他深信，饥饿和贫穷不会永远存在的，一定会被科学所战胜。

他经常在阅读一段书籍后，通过自己的思维来理解其中的理论，但是他没有在书里面找到使土壤肥沃的决定因素。这个时候他开始怀疑起自己来，是不是因为自己的能力不够，知识储备的不够全面，是物理还是化学，会不会和其他的因素有关系。要想解开这个谜团，一定要找到一个正确的方法，可是方法又在哪里呢？他又陷入了沉思。

无法摧毁的定律

当威廉姆斯还在为研究土地科学而绞尽脑汁的时候，德国化学家李比希运用自己的化学知识，对土地的研究已经有了初步的发现。李比希因此成了德国化学学科的领头人。

▲ 李比希

李比希根据以前学者的研究和自己对土地的理解，创造了一种新的学说——植物的矿物质学说。他认为植物的生长是在土壤里吸收某种矿物质，矿物质不断被吸收，所以土地开始变得贫瘠起来，如果我们给土地补偿这种矿物质，土地就会又重新肥沃起来。如果这种学说成立的话，那农民根本不用再去深翻土地，农民只要去补充矿物质就可以。

李比希通过自己的研究和实验很快就分析到了那种矿物质的元素，而那种矿物质被他称作肥料。而且通过他的实验，土地的短期产量的确得到了大幅度提高。他们开始大规模地制造肥料，卖给需要的农民，这些肥料也给农民带来了许多意想不到的好处。李比希研究的那种肥料，能够有效地提高土壤的肥沃性能，人们称为"万能肥料"。

然而，事情往往并不是向人们想象的方向发展，而且土壤也不是那么容易就被驯服，人们用来促进丰收的万能肥料，很快就不像人们想象的那样了。土地中矿物质的含量确实越来越高，可是禾苗却越长越慢，而且生长到了一定程度之后，禾苗就开始萎缩了。

李比希的成功十分迅速，而失败更是急速，他开始怀疑自己的研究成果，但他不分析自己的实验过程，而完全把错误归结为神的旨意，因为谁也不能改变土壤，更不要说去控制它们了。他在日记中这样写道："我想，我是错了，因为我对创世主抱有怀疑的态度，现在让我受到应有的报应了。我曾经幻想着，自己能够纠正创世主的创造，能够在那些奇异的定律锁链中，找到缺失的几小节。然而，在伟大的创世主面前，我不过是一条小得可怜的毛毛虫，是一个人人可以谈论的笑话！"

李比希是一位著名的化学家，他的失败不可怕，但是他没有坚持追求真理，他放弃了征服土地、让土地服从于人类的想法。

李比希的例子并不是唯一的，几乎所有的农业学家在他们的研究中，都会遭遇各种失败。但是他们几乎都无法正确地理解这一点，他们总是在实验室里忙忙碌碌，妄图用实验来证明可以改造自然的能力，但是一旦失败了就开始放弃，甚至要证明自己的新规律，土壤肥沃性的衰减规律。

生活似乎已经证实了土地肥沃衰减定律的存在，以及它的不可改变性，因为几乎在俄罗斯的任何土地上，它的收成都是每年在递减，肥沃的黑土壤是这样，而农民贫瘠的土地甚至连杂草也不愿意生长了。地主也在想增加自己的收成，他们通过高额的费用买来肥料和机器，好像也没帮上什么忙。这让人们再次陷入了绝望当中，人们开始质疑起来，购买肥料和引进机器是不是错误的，威廉姆斯也在怀疑。

威廉姆斯**的**老师们

　　李比希的失败是因为他把土壤看成了植物的养料库，他并没有完全地认识土壤，对土壤的构成没有明确的认知。他只考虑到了土壤和农作物之间的联系，没有继续研究其他的因素，如土壤的作用。

　　俄罗斯的学者威廉姆斯却有着不同的看法。他花费了大量的时间和精力，来研究道库恰耶夫和柯斯特契夫所写的文章和书籍，他认为土壤并不是单一存在的个体，它应该是生物循环链上的一环。

　　在柯斯特契夫的一篇文章中，表述在土壤的产量上，新翻耕的土地要比以前耕的土地产量高，这和它们的地表层有关系，而且即便是同一个地表层上，它们的土壤结构也有很大的不同。而土壤结构和农作物的产量有着直接的关系，粮食的高产主要是和土壤里面的小团颗粒有关，新翻耕的土地小团颗粒比较分散，有利于作物的吸收，即便是比较干旱的年份，粮食也不会减产多少，而以前深耕的土地，小团颗粒基本上都被植物吸收完了，所以他们的产量就会较低。

　　小团颗粒的这种说法是俄国的土壤学者提出来的，因为他们除了在实验室中进行土壤的研究，并在草原地带的旷野上也进行着土壤实验。而这种新的土壤理论观点对于威廉姆斯来说，简直就是雨后彩虹、拨云见日。

　　只有了解了土壤的结构，了解土壤的机制，了解它的规律，才能最终知道土壤肥沃性能的秘密，这个论点虽然由俄国另一位著名的土壤学者提出来的，但道库恰耶夫在他的著作中也同样阐述过相同的论点。土壤不仅仅是植物养料的仓库，它承载的东西还有很多，而且还是在不断变化着的。如果想知道土壤的肥沃性为什么会降低，想去控制土壤的产量，那就要去了解它的结构，了解它的历史和生态。

俄国的学者们也纷纷在自己的著作当中给出了答案，但是真正研究、了解土壤的学者又十分稀少，威廉姆斯想要更加全面地、多角度地去了解土壤，所以毕业之后他选择了去国外留学，去别的国家了解他们的实验，吸收他们新鲜的知识。

威廉姆斯充分利用了这次出国学习的机会，他时刻牢记着自己的使命，时刻没有忘记自己出行的目的。在巴黎，他和细菌学家巴斯德成了好朋友，并且在好友的帮助下，他徒步走完了整个法国。后来他又从法国去到了德国，当时的德国正处于李比希巅峰之后的窘境，通过与当地人的交流，威廉姆斯了解了肥料在土壤中的作用，在他的旅行日记中记下了肥料对植物的影响。

德国的化学家们几乎都在工厂里制造肥料，他们对于农作物的收成从来都不怎么关心，只是关心如何提高矿物质——高钾盐的价格。而这种观点，也是因为两位科学家在科学杂志上的互相攻击才被发现的。整个德国的化学农业工厂已经濒临破产。这时候的威廉姆斯，毅然决定回国，通过这段时间的出国考察，让他对土壤有了新的认识，而且也对当时的政治有了了解。

当威廉姆斯回到俄国后，一场规模空前的灾难正在悄悄地赶往黑土地区，全国都笼罩在饥荒当中。科学家们都在号召人们用科学的力量与旱灾斗争。这次学者们的思想达到了空前的统一，他们一致认为，人类是这场灾难的罪魁祸首，是人们对土地的不合理开发，过分地掠夺土地导致了这场灾难的发展，但灾难已经发生了，就要想办法去解决和预防以后再次发生。

学者们运用自己的学识，因地制宜，发现造成灾难的原因并不是土壤的养分不够，而是水分的不足。其实黑土地区的降雨量还是可以满足自己的需求的，但是人们经过肆意开发资源，把原来的绿色植被基本上都破坏得体无完肤，植被就不能把水分牢牢地吸附住，所以水源渐渐地流失了。显而易见，增加植被是蓄住水分的唯一方法。但是增加植被并不是靠农民自己就可以的，这需要政府的统一规划、出面协调。但政府又像以前一样对此不闻不问。

没有任何人去听取学者们的意见，人们把大片的土地分割成一小块一小块的，做上标志，证明是自己的，他们在自己的地盘为所欲为。农民为了生计，只能受雇于地主，而地主为了在农民的身上多压榨点资本，这个时候的全国总动员更是组织不起来了。

作为一个个体，只希望自己的庄稼得到大丰收，所以他们不可能一起去改善生态植被的大环境；统治阶级为了不触及自己的利益，宁愿一切照旧，即便是他们的收入在逐年降低，但是相对于普通大众来说，他们还是比较富裕的。所以那些土壤学家所提的建议并没有被政府和人们采纳，反而怕他们成为制造混乱的源头，在学者们的背后亮出了冰冷的匕首。

威廉姆斯在他的毕业论文答辩的时候，当局终于对彼得罗夫斯克农林学院痛下杀手。威廉姆斯的论文写得那么精彩，本来应该是一生中最高兴的日子，却被政府当头一棒。就在威廉斯的论文演讲即将结束的时候，学院的院长迫于政府的压力，站到了演讲台上面，环视着大家用悲愤的语气告诉大家，"根据政府的命令，彼得罗夫斯克农林学院被迫停办了。"这样的结果一经宣布，马上引起了大家的哗然。

这样的决定让大家无比惊讶，更让人震惊的消息是这里以后将是纨绔子弟的学堂。因为那些纨绔子弟在政治上和政府走得更近，大家都知道，政府需要的是地主、商人这些能为政府带来利益的群体，所以彼得罗夫斯克农林学院被取缔也是理所当然的了。

这个决定让很多学者对当局表示不满，对学院的停办深为惋惜。当这所农林学院再次开办的时候，已经是十月革命以后的事情了。

一个巨大的实验

经过时间的洗礼，威廉姆斯从当初的一个只会问为什么的学者成了一个领军式的教授。他一生都在从事着土壤研究的工作，并不断地从中找出它的发展规律。

学校的实验室对他来说简直太小了，所以他又建了很多小房子去做土壤实验，他在每个房间里面填上不同的土壤，这些土壤都是他外出研究时带回来的样本，全国各地的土壤几乎都在这里了。他在不同的土壤里种植了同样的植物，在同样的土壤里种植了不同的植物，并且给它们都贴上了标签，上面注明了土壤的来源，种植的时间，植物的种类等信息。每天教授都会来到房间里面，来记录植物生长的表现过程，当然还有最重要的就是在每份土壤里面取样，他通过对土壤的溶解、过滤、蒸馏、分流，经多道程序来获取里面的某些物质，并记录数据。

虽然每天的工作都是那么枯燥和乏味，但是威廉姆斯教授却坚持了14年，每天的工作量虽然看似不大，实际却十分繁琐，这么繁琐的工作是需要一个人有强大的毅力和忍耐性才能完成的，好在这方面对威廉姆斯教授来说不是问题。困扰教授的不只是工作问题，还有就是资金的问题，常年的这样做实验是需要高额的项目资金的，但是政府对此却表示，没有把你的实验室关闭就已经很仁慈了。无奈之下，教授只能用自己的薪水来维持实验室的现状，但对比与实验室的开销来说简直就是杯水车薪。

威廉姆斯教授一直都不赞成死读书的人，他认为当时的很多课程在设置上都不合理，所以他摒弃了一些课程，增开了一些对学生有用的学科。这里面就包括草地学。他在学校的周围找了一块闲置地，在这块地上灌溉上水分，水分被地里的土壤所吸收，水里的有机物质被水中的细菌给分解了，然后让植被吸收进体内，而剩下的水分则又从土壤里面流了出来，水变得更加清澈起来，没有被吸收的有机物随着水流被带到了其他地方。

威廉姆斯教授不但要对学生进行授课，还要在自己的地里工作，看植物的生长变化。他和其他教授最主要的区别就是，很多事情他都是身体力行，他经常穿一身帆布的工作服，脚上穿上皮靴，然后下地干活，威廉姆斯教授因为长期的劳作，他的力气变得很大，一般两个工人加起来都没有他的力量大。

威廉姆斯有一个苗圃，那里种植着很多种植物，里面的每一种都是全世界最有名的。里面最有名的就是"哥萨克紫苜蓿"和"加臣黄色紫苜蓿"。

▲ 紫苜蓿

只要一听到"哥萨克"这几个字，就知道它是俄国的，因为带有这个名字的紫苜蓿也就只有俄国才会有。那又为什么在黄色紫苜蓿前面要加上"加臣"这两个字呢，因为是有一个叫加臣的人把它从俄国输出去的。

威廉姆斯和蔼可亲，与人为善，而且从来都没有架子，他的苗圃，他自己打理，最主要的是他能更好地观察植物的生长，去观察那些细菌在灌溉上起的作用。只有他这样的亲力亲为才能深入了解土壤肥力的秘密。他所作的工作，让政府的官员都感到不可思议，威廉姆斯在自己的小房子里面，进行着各种实验，但是他知道只有这样，才能了解土壤的特性，这是达到目标的必经之路。

威廉姆斯教授知道，在做这些实验的同时，也应该了解一下细菌在分解有机物过程中，和之后所造成的腐殖土的成分是什么。他把被细菌分解后水分中的一些腐蚀物分泌出来的酸类进行化验。

在灌溉地上，细菌到处都是，我们是不能用肉眼观察到的，但是就是那种微乎其微的东西却可以把那些没有用的废料变成为养料，它是通过破坏原本的有机物质，让植物体内的有机物质和它重组，形成植物需要的新的有机物质。虽然土壤的作用我们外表上看不到，但是威廉姆斯教授却一直反复试验，因为只有这样才能观察到土壤和植物表现出来的真实结果，才能了解土壤肥沃的真正原因。

威廉姆斯通过多年的实验总结出了一些定律，如果土壤上面长着多年的生草，那么它的土壤就有可能变成腐殖土，这种土壤是比一般的土壤都要高产的，土壤的肥力对粮食高产更有着不可忽视的重要性。腐殖土的发现是他年复一年对土壤和多年生草的草地研究后，才发现其中规律的。

是什么原因导致多年生草的土壤有很强的肥沃性能呢，威廉姆斯发现，植物的根系死去后，就有可能形成腐殖土，而这些腐殖土，就可以提高土壤的肥力，它可以使原本紧密的土壤变得松散起来，就像威廉姆斯试验用的三合土一样，把土壤里面最主要的小团颗粒凝结起来。

多年生草把原本属于自己的钙质送给了土壤，这是多年生草为土壤做出的贡献，因为如果土壤没有钙质，就像人类没有骨骼一样，变得不再结实了。另外，腐殖土还能从空气中吸收一些对自己有用的气体，比如说空气中含量最多的氮气，它把氮气转化成植物自己需要的养料。

人们在耕作中如果把土壤中储存养分的部分给破坏了，那么土壤就会变得越来越干燥，而且会透支土壤本身的养料，让庄稼的收成骤减或绝收。这是因为，人们在耕地的时候，土壤里面的小团颗粒被牲畜用蹄子压破了，土壤中的钙质则被水冲走，腐殖土被细菌分解，在年复一年的耕种过程中，灰尘把小团颗粒中的空闲部分给塞得满满的，土壤里面基本上都变成了灰尘状态的小团颗粒。

植物的残体在这种土壤中就很容易被破坏掉，细菌把植物的残体都变成了植物的养料，所以在秋季的时候，人们很难看到树木的残根在土壤里面。现在出现了一个比较棘手的问题，这些植物有养料但是不能吸收，因为土壤中没有水分，水分的不足导致了养料的吸收几乎没有，为什么会出现水分不足的现象呢，这是因为土壤没有办法把水分储藏起来，在常年的耕种中，牲畜早就把土壤压榨得像粉末一样，所以我们即便是看到上面有水流过去，但是在表皮下的土壤里面依旧是缺水。

人们怎么做才能增加土壤的肥沃性能呢?

应该在田地上轮流种上粮食和多年生草，这样才能增加土壤的肥沃性能，至少威廉姆斯是这么认为的。首先我们可以让一年生的植物先去种植到草地上面去，这样一年生的庄稼，就可以吸收多年生的草地里的营养;第二年再种植多年生的青草，来帮助田地恢复庄稼需要的肥力，因为如果不这样的话，土地就会失去肥力，草地也会慢慢地枯萎。对人们不利的消息就是土地肥力的降低，而如果人们可以在草地上面种一些谷物或者蔬菜，或者在田地里种植一些多年生的青草，那样便把草地和田地调换过来，自然就可以增加植物的产量，扭转无法控制的局面。

▲ 腐殖质丰沃的土壤

　　森林地对草地和田地的作用是非常巨大的，至少在分水线上是这样的，森林可以培养田地，整个夏天田地都可以得到充足的水分，山坡上的水缓缓地流了下去，斜坡上的青草也得到了灌溉。很多飘落的树叶和树枝都聚集在树木的脚下，这个树叶和枯枝里面带有大部分的养料，这些养料都是以前树根从地上吸收上来，储存起来的，后来树叶脱落了下来，所以它们的养料还没有被完全吸收和利用。于是我们肉眼观察不到细菌就会慢慢把树叶和枯枝分解掉，把里面的营养物质给分离出来，然后让树根下的水分给带走，带到田地和青草里面去，让它们的根系再次吸收，这样田地的庄稼就有足够的养料了。

　　基于这个理论，威廉姆斯提出了一个能够涵盖农业精华的理论——谷草轮种制。

　　这个涵盖农业精华的理论把土壤科学、农业自然等整合在一起，它包括：如何耕耘土地，如何培植护田森林带，在山峡及春水经过的地方修筑池塘，怎样与峡谷斗争，借助于豆类及多年生草来改变土壤的肥沃性，选择新的、更适合于土壤和气候的新品种。

这个严密的理论，是把认识自然和改造自然、土壤科学和农业等结合成统一的整体。威廉姆斯不仅仅能够提出理论，还要去推广他的理论，让这一理论在生活中发挥作用。他到受灾严重的地区去推广自己的理论，而且通过实践把灾难得到了有效的控制。在他看来，我们学习科学只是认识和改造自然的工具，学习科学并不是希望把自己造就成为一个大学问家，而是用科学的方法造福人类。

虽然威廉姆斯知道如何改造，但是当局的干预让他有些无奈了。

用科学的方法去改造小农经济，这是一种很愚蠢的方法。柯斯特契夫和道库恰耶夫曾经质问地主："你们珍惜过自己的土地，爱护过它们吗"？地主们面对这样的质问从不回复，好像是不屑回答。面对失败，没有人感到奇怪，好像失败是必然的一样，因为在当时地主阶级的利益是代表国家的利益，人民的利益只是个人的利益而已，这两种利益在改变土壤上面是相互冲突和矛盾的，所以面对失败，大家好像只能欣然接受一样。

土地是资本、是利益，这在地主的观念中，已经根深蒂固了。只要用到资本就会产生利益，对于地主阶级来说当然是利润越多越好。正是由于这个原因，在某一个时期的英国，几乎把全部的田地都变成了牧场，因为在那个阶段羊毛的利润要比粮食的利润多得多。也是因为相同的原因，在沙皇的一个时期内，地主把牧场都变成了田地，因为粮食的利润空间在当时是最大的。

正是基于这种情况下，威廉姆斯在报纸杂志上发表了一些痛恨资本主义和地主阶级的文章，他愤怒地指出，如果农业的发展只是为了迎合市场的需求的话，那农业不可能长久地发展，而且对农业的改革也不可能正确进行下去。他奉劝当局，如果一个国家不能有计划地去组织农业科学发展，那么这个国家的农业将很快不受控制，并且土地的破坏将会严重地加剧，土地的肥沃性能将继续下降，最终将导致粮食的减产和人们的饥荒。

▲ 过度放牧导致土壤退化

　　在当时的人们看来，威廉姆斯的忠告看上去是那么荒谬，当时在农业方面的两位权威道库恰耶夫和柯斯特契夫都已经离开了人世，而其他的土壤科学家已经不再研究土壤了，后来他们的研究是和人们的实际生活背道而驰的。但他们的研究对当局是有用的，可以短时间内带来利益的研究。虽然有些学者还坚持着对土壤的研究，但是这样的人也是寥寥无几了，并且他们也没有两位领路人的执着精神，所以土壤的数据材料在很长时间内都没有新的突破。

　　当然并不是只有威廉姆斯教授一个人看到了，如果人们不能有效地遏制土壤的恶化，将带来严重的后果，还有一位有着丰厚学识的人，也同样认为，现在的土壤学家不切实际的研究对人们一点帮助都没有。这个人就是季米利亚捷夫，他直接批判当时的土壤学家的研究："现在的土壤学家的研究花费了大量的金钱，但是这样的研究除了服务于地主和统治阶级，为他们带来了相当可观的利润空间之外，可是为田地里辛辛苦苦的农民带来什么福音呢，你们的研究在本质上是对农民没有任何意义的。"

土壤不仅仅是用来研究的，土壤对于威廉姆斯教授和季米利亚捷夫来说就像是哥伦布发现新大陆一样，他们对土壤的新发现不比哥伦布发现新大陆缺少激情。像他们这样执著的研究土壤的人，在当时来说已经是极少的了，而他们的工作却有着非凡的意义，他们的工作是那么重要，是在为将来可以和大自然进行斗争前做侦查工作。

1915 年，威廉姆斯完成了一本巨著，他通过此书讲述了全国性改造土地的必要性，与此同时他还提出自己的新学说，那就是坚持用科学的方法改造自然。但是这种学说在当时来说简直就是天方夜谭，而两年之后，伟大的社会主义十月革命才把这个全国性改造土壤的梦想变成了现实。这些原本只属于地主的土地，被新政府重新进行了分配，现在变成了广大农民群众的土地，成千上万的农民在属于自己的土地上，进行着共同的努力。

通过科学运用知识来改造自己的田地、森林和河流，一个伟大的时代终于到来了，征服旱灾、消灭饥荒，这个困扰着几代学者的问题终于得到了解决。

第06章

·迈向胜利的道路·

　　自然界中没有一成不变的定律，只要合理地开发和利用，自然界会通过自身的循环系统来进行修复和补充。对于所谓的能量丢失，人们的担心是没有必要的，因为太阳会把能量源源不断地送给我们。

农业的使命

威廉姆斯的成就不仅巨大，其影响也是深远的，他不是单纯的大学教授，他和一般讲师的教学方法还是有区别的，那就是言传身教。他更注重的是身教，他亲自指挥农民并和农民一起和干旱做斗争。成立苏维埃政权后，土地被重新分配，农民可以自由地支配自己的土地，威廉姆斯把所有的农民都团结在一起，和自然做斗争，并且取得了很大的成功。国家用大量的人力财力来支持农民和旱情作斗争，并且改良了以前的旧式农具，让农民不再用陈旧的方法去耕种田地。农民在威廉姆斯的科学指导下，土地变得越来肥沃，农民的生活越来越好。

威廉姆斯是一个十分严谨的人，虽然他的书已经出版了，但是他还在一直查漏补缺，希望自己的著作更完美，不会误导以后的学者，他就连平时的实验数据、外出游历时观察的植物变化及与人交流时的观点都一一记录下来。

虽然他的书很受大家的欢迎，但当打开书的时候，人们就会发现，在书的前面两个部分分别是道库恰耶夫的土壤学原理和柯斯特契夫的农业学原理，这是威廉姆斯在向两位曾经教授过他的导师的致敬。

虽然两位导师在学术上经常有不同的看法，但这些观点都被他们的学生威廉姆斯接纳了，他们的学说成了以后农民和旱灾作斗争的指导方针。威廉姆斯在他的著作中写道："农业的任务，是创造一种能量，这种能量在人类活动的各种表现中是不可或缺的。"

而苏维埃之前的政府却不同意这个观点，他们认为种植庄稼的目的不是收成，而是能给他们带来多少利润，土地只是他们的摇钱树罢了，所以之前他们改造土地的时候，即使把投入降到最低，他们还是很难接受的，所以土壤改造计划就被他们一直搁置着。

在苏维埃政权建立后，土地才能完成自己的使命，体现自己的真实价值。我们知道，土地本来产生的东西不是资本主义所想要的金钱，而是解决生命温饱的粮食。这才是土地的真正使命。

苏维埃政权建立后，威廉姆斯立刻上书政府，指出了农业应该回归到它的本质，不要成为商人创造利润的工具。

那些给人们提供生命源泉的能量是怎么来的呢？威廉姆斯给出了这样的回答：其实太阳才是我们能量来源的主要提供者，太阳通过大气层，把热量带到地球上，就有了适合人居住的气候环境，通过植物的光合作用，为人类提供了充分的氧气，来供人们呼吸，通过植物的自身循环作用，和大自然的生物链循环，带给人类所需要的农作物，当然也为食草性的动物提供了食物，比如牛羊等，这样经过复杂的过程也就间接地为人类提供了必备的肉食。只有合理开发，利用自然资源，我们才会有源源不断的粮食和食物，但这必须是在科学的指导下进行，那样我们获取的粮食将会变得越来越轻松。

在我们憧憬美好未来的时候，又出现了一种担忧的声音，土壤的肥沃性会不会逐渐降低呢？威廉姆斯通过实验进行了证明，而且在他的著作中也给出了答案：自然界中没有一成不变的定律，只要合理开发和利用，自然界会通过自身的循环系统来进行修复和补充。对于所谓的能量丢失，人们的担心是没有必要的，因为太阳会把能量源源不断地送给我们。

打开土地的 "钥 匙"

威廉姆斯在书中说到土壤的肥沃性功能逐渐降低定律是错误的，他指出，理论上收成可以提高到无限的产量，但是首先要提供给植物它所需要的一切。学者们马上投入了实验，他们还是按以前的量，提供了充足的养料后，结果收成上升得越来越慢，最后为零了。以上的实验基本和李比希的实验没有什么区别，人们开始认识到水也是控制粮食增产的重要因素之一，他们又进行了另外的一个实验，在水分充足的情况下，提供少量的肥料，同样产量出现了小幅度增长后，就下降了。

以上两个实验都佐证了威廉姆斯教授的理论，只有给植物提供它所需要的一切，它才有可能持续增产，而且产量是可以超出我们的想象。

威廉姆斯也用实验证明了自己的观点，他给了植物所需要的一切，如充足的肥料和水，并且还要尽可能去改进植物的本性，让它可以更好、更多地进行光合作用以加强吸收。实验的结果是粮食的收成出现了急剧直线上升的情况。这就证明了，我们完全有能力控制土壤，这当然需要一个合理的计划，并且需要一个英明的控制者。

自然界的万物都是互相影响、相应变化的，虽然在表面上看来分水线上的森林、河流平原的草地、山坡上的田地，好像是风马牛不相及的三个地方，实则不然，它们的联系是深层次的，需要我们慢慢地观察。

所以威廉姆斯不仅仅只研究土壤，他还对绿草、森林等，一切与土壤相关的东西都感兴趣，因为它们在自然的生物链中都有着联系，森林通过发达的根系来留住水分，附近的土壤就吸收它吸附住的水，而且水中会带来落叶和枯枝的分解物，给土壤提供养料。而土壤把分解后的物质在通过水分运送到森林的根系下，被森林吸收，这样一个小型的循环系统就产生了，而且它们是直接地互相影响。

工厂的机械都与生产紧密相连，而现实中的农业劳作也是如此，也需要各个部门之间的互相配合，才能有效地工作。在农业这个大型工厂中，植物负责创造绿色，而它们的废弃物品落叶和枯枝就会被细菌在不知不觉中处理得干干净净，如果处理慢了的话，就会影响农业生产线的进度。

所以在农业生产线上有一个比较重要的环节，就是作物的废弃物回收环节，而在这个环节中起到决定性作用的就是细菌。细菌的个体我们是用肉眼无法观察到的，它的数量也是我们不能想象的，在一个巴掌大的土壤里面，细菌的数量就可能要数以亿计。细菌在把植物的废弃物树叶和枯枝处理完之后，就会把它们分解出来的有机物质用水运输到植物的根部，这样就又把植物的大部分营养归还给了植物。而细菌分解完后剩下的残留物，将会做成另一种副产品，回归到田地里面，和土壤形成腐殖土。

就这样细菌把植物所需要的养料分解出来的物质，在经过重新结合提供给植物，所以说它们的处理和创造是同时进行的，人们观察到这一点后，惊叹自然界的生物真的让人捉摸不透。

另外，在农业部门的协调下，大型机械的统一调配和应用可提高人们农作的效率，也是从另一侧面提高了土壤的肥沃性。

土壤的肥沃性，大学时期的威廉姆斯就开始研究并有了自己的见解，所以在苏维埃政权建立之后，他立刻就发表了一篇土壤肥沃性的文章，马上就在学术界引起了很大的震动，这个时候肯定有人要问，为什么大学时期的威廉姆斯不发表土壤肥沃性的原理见解呢？这是因为当时的威廉姆斯只是一个学生，他的文章是不会被重视的，而且那个时候的当局也不会关心如何提高土地的收益的。所以，如何提高土壤的肥力一直处于一种幻想阶段。

然而，这个只存在幻想阶段的想法竟然被威廉姆斯实现了。可见他当时取得的成果是有多么轰动。因为在此之前，人们对土壤的认知还是初级阶段，前人提出的很多方法、观点都需要去验证才知道是否正确。而这个验证的过程又需要经过大量的实验才能得出结果。值得庆幸的是，威廉姆斯是一个严谨的人，他几乎把前人的实验都做了一个遍，并且记录下来了数据，根据自己的实际操作结果和对知识的系统了解，慢慢地他有了自己的见解。

他看待事物的时候，不会只看事物的表面，还要看它们之间的联系，看它们的发展规律。如看到草原，他会提出一连串的问题，草原在成为草原之前是什么？怎么形成的草原？再过若干年之后它又会成什么？它和形成草原有什么关系等等。他知道要想真正地了解历史和预见它们的将来，就要了解、控制它们的发展的进程，就要用辩证的方法去思考它们。

威廉姆斯在他自己的著作中描述出了森林和草原地带的形成过程，也写出了它们的迁移过程和将来的发展。在威廉姆斯的著作中，我们会发现，原来绿色植被并不是一成不变的，土壤也是时刻在变化的在大自然的舞台上面，我们人类需要贡献自己的力量来维持这种平衡。

因为以前对土壤的一味索取，所以造成了土地的干旱。但是现在通过合理的改造计划，我们可以遏制住干旱、土地沙化和其他的自然灾害。与此同时，我们更需要政府的长期坚持和监管，通过科学的手段改造那些现在没有利用价值的土地。

在书中，威廉姆斯清清楚楚地描绘出了俄国的藓苔地带、森林地带和草原地带的历史状况，藓苔地带是如何随着那些已经退走的冰原向北推进；森林是如何跟着藓苔地带向北推进；草原地带又是如何随着森林向北推进；沙漠又是如何跟着草原向北推进。

在种种变化的情景中，我们会发现，藓苔、草原、沙漠、森林地带并不是像以前所想的是一个不动的历史舞台。其实它们所有的一切都在生活中，都在旧与新的斗争中，内部矛盾的斗争中逐渐发展着。我们所看到的土壤，不管是森林的土壤、草原的土壤，还是沙漠的土壤，都是同一种土壤所变化过来的。在我们眼前呈现出来的只是变化后的样子，但是我们如果想要了解它原来的样子，就只有通过科学的手段才能把它描绘出来。

在这个自然的大舞台上，一切都在变化，我们人类不能冷眼地看待这一切。因为想要让自然适应于人类的需要，那就需要人类自己的努力。

在以前，人类以不合

▲ 苔藓植物

理的干预，帮助了沙漠向草原、田野、果园的入侵。而现在，我们也会用合理的、有计划的劳动，来制止沙漠向田野的进攻，并发动反攻。

先进的科学武器

实践是检验真理的唯一标准，在威廉姆斯新学说才开始提出来的时候，很多顽固派学者就开始讨伐，说这个理论只是停留在书本和试验阶段，没有经过足够的土壤推广，所以对此产生了质疑。而事实上，威廉姆斯的理论已经得到了证实，他的谷草轮种制是经过了仔细地研究土壤，以及对农民的收成进行分析所得到的一个科学做法，他的理论获得了成功，这可以从每天收到如雪片般的感谢信得以证明，这些感谢信都是那些通过谷草轮种制收获的农民寄来的。

例如在草原地带的萨尔区，因为没有高大的树木，所以等到夏季的时候，干燥的热浪冲了过来，绿草马上就被烤得焦黄，热风把土壤表层的松土刮上了天，让绿草整天见不到太阳，大风把地上的种子都吹得暴露到外面，等到风停了，阳光就把种子暴晒，种子没有土壤的保护，而且也没有深根插入土壤中，所以这种情况下的庄稼，几乎就没有什么收成。因为风的作用，几乎地上的所有土壤都被刮走了一层，当下雨时，绿草的根从土壤中冲刷出来。绿草变得越来越稀少，而土壤也变得不再适合生长植物。这样的收成大家可想而知了，只能寥寥无几。

人们已经认识到自然危害的手段了，但是人们不可能束手就擒，1936年，人们决定和干旱、沙漠进行一场局部的战争。在萨尔草原上，威廉姆斯的谷草轮种制被介绍到这里之后，农民们就开始在他们的土地周围种上了大树和灌木来抵抗风的袭击，种植了一些紫苜蓿，用它们的根使土壤变得更加牢固，把土地耕得比以前更深一些，这样为植物提供更丰富的营养。这个时候的国家也不像之前的政府那么吝啬，他们向萨尔草原调配了大量的拖拉机和有用的机械，还派遣了很多学者到这里来参加与沙漠的斗争。

经过十几年的努力，萨尔区的草原出现了翻天覆地的变化，这里的一切仿佛都和以前有所不同，到处都是树木、绿草，如果俯瞰下去，高大的树木把草原分割成一个个的小格子，很多多年生的青草被种植在这些小格子里面，这是根据威廉姆斯的谷草轮种制的理论耕种的，它可以提高土壤的肥沃性。人们还在草原上面修建了水坝，用来蓄水，这样在雨量少的季节也能保证植物的水源充足。在这个集体农场中，一切的种植和建设都是经过学者们科学的部署，正是由于这些科学的耕耘，这里的收成比之前有了大幅度增长。

这个农场的成功，恰恰证明了威廉姆斯的谷草轮种制，是可以提高土壤肥力的。

在这个科学占据主导地位的过程中，威廉姆斯的谷草论种制得到了政府的大力推广，这样全国的土壤肥力较之前也有了大幅度提高，所以即便是在旱灾最严重的1946年，萨尔草原农民的粮食产量不但相比前一年没有降低，而且还有了较大幅度提高。

虽然谷草轮种制得到了政府的认可，并为农民提供了机械援助，但是仍然有部分人提出了质疑，主要针对的是土壤肥力的稳定和粮食产量的持续增长，下面通过事例来证明人们的担忧是没有必要的。在俄罗斯的萨尔草原最干旱的一年，农民的粮食产量相比较前一年不降反增。那是因为人们开始合理利用自然的结果，人们把土地分成几个小块，每年他们都会拿出一小块的土地种植绿草，剩下的种植庄稼，然后来年再换另一小块土地来种植绿草，如果按照正常人的思维的话，那产量应该是下降的，因为有一部分的土壤种植的是绿草，但是结果恰恰相反，粮食的产量不但没有降低反而升高了好几倍。这就是因为谷草混合种植的结果。

卡敏草原如今的变化也是巨大的，当初道库恰耶夫就在这里做实验。以前这里是荒芜的土地，没有什么植被，水也很少见，沟壑到处可见。现在这里却有着翻天覆地的变化，高耸的森林把草原分割开来，当然这些树木是人们改造环境的时候种植上去的，它把草原分成好几块，荒地上现在种植成熟的庄稼，斜坡上面长着多年生的绿草，沟壑里面也被绿色植物所覆盖，在森林的周围有几个人工的池塘，雨季来临的时候可以在里面储存水分，成群的鸭子在里面游来游去。

以前的科学家好像都是比较贫苦的，道库恰耶夫没有钱来做实地实验，而现在的卡敏草原上有一个研究所，里面有先进的科学仪器和一批来自五湖四海、有着共同理想的学者，而这个研究所的名字就是以道库恰耶夫的名字命名的。研究所里进行着初步的科学实验，实验一经通过，就马上在草原上开辟更大一点的试验地，然后记录生长结果，如果结论一致的话，马上大面积推广。这里所用的科学理论都是根据农业科学上有很大成就的几位科学家的理论为指导的，这几位科学家也将被永远地记在人们的心中，他们是道库恰耶夫、柯斯特契夫、威廉姆斯、米丘林、李森科……

冬季的时候，雪飘落了下来，森林就会把飘落的雪花慢慢地聚集到树下面，等到春暖花开的时候，雪慢慢地融化了，雪水提供给土壤，而田里种植的多年生的青草会把土壤中的小团颗粒分解得越来越多，这样土壤的肥力有了进一步提高，卡敏草原上的粮食和蔬菜就是在这种环境下茁壮成长的。

森林在这里的作用是巨大的，旱季的时候它阻挡了四面八方的热浪，保护了里面的庄稼，冬季的时候把风雪慢慢地聚集到树下；待到春暖花开的时候就把雪水贡献了出来，而多年的绿草慢慢地改变了土壤的结构。现在农民的收成一年比一年好，产量是以前的好几倍，就连 1946 年最干旱的那一年，粮食的产量都要比其他的几个产区要高。

▲ 正是因为受森林的保护，即便最干旱的年份，卡敏草原上的粮食和蔬菜也没有减产

卡敏草原的变化，让人们不禁惊叹，科学的力量是多么神奇！拿以前的情景和现在进行对比，会让人为它的巨大变化而诧异，这是因为人们已经掌握了控制土壤的方法和规律，现在的土壤更加肥沃。当然，不仅是卡敏草原在变，全国各地都在变，充满信心的人们充分运用科学的力量，正在和自然灾害进行着不屈不挠的斗争。

第07章

·一场关系到未来的战略计划·

我们怎么做才能预防河道的淤塞、洪水的袭击、砂土对田地的覆盖？我们怎么和大风雪、干热风等自然灾害进行斗争？怎样才能保护好我们的土地呢？

战斗地图

苏联因为多年受到自然灾害的侵害，所以现在人们想对此进行遏制和反攻，在苏维埃政府的组织下，他们打算和自然灾害进行一场大决战。这场战役的范围之大，几乎包含了全国的所有地方，参战人数之多，几乎是全民皆兵；参战时间之久，因为他们需要通过好几十年的进攻才能瓦解自然灾害这个敌人对苏联的威胁。

打开战略地图，就不难发现，战线之广几乎遍布整个国家，这是一场人类和自然的大决战，是和干热风和洪流等自然灾害的殊死搏斗。反攻大军基本上都靠人们的自发性组建的，当然政府也起到了一定的引导作用，人类将要摆出什么样的攻击阵型呢，将要先向那个自然灾难发动攻击呢？

在夏季，干热风从东南方向开始向俄罗斯进攻，然后经过乌拉尔到里海，由东向西开始地毯式的狂轰滥炸。干热风把植物的叶子烤得焦黄，叶子会不由自主地卷曲起来，以减少水分的蒸发，面对干热风的进犯，我们应该如何回击呢？

在冬季，寒风多半是从南方吹来，在到达荒芜土地的时候，变得更加狂虐，它席卷着土壤遮云蔽日地狂舞，斜坡在雨水的冲刷下，变得越来越陡，水流得越来越快，在地上冲出的水坑越来越大。而这些仅仅是灾害的先头部队，后面更严重的龙卷风、水灾等还没有出动。我们面对如此强大的敌人，应该做出怎样的回应呢？

我们怎么做才能预防河道的淤塞、洪水的袭击、砂土对田地的覆盖？我们怎么和大风雪、干热风等自然灾害进行斗争？怎样才能保护好我们的土地呢？在这场战争中，我们要用那些武器武装自己，提高战斗力呢。

上面的这些疑问，早就被制作战略战术的参谋们想到了。高大的树木和

▲ 乌拉尔河

矮小的灌木，以及多年生的青草，可以阻止风和水的破坏，干热风则惧怕高大的森林带和密集的灌木丛，只要是干热风碰上森林和灌木，就会被它们阻击，这样田地里的庄稼就不会降低产量。在峡谷的斜坡地种上树木，可以防止水土的流失，还能降低洪水的流速，在砂土上种上植物，就可以把砂土固定在地面上，不会被风吹得到处都是。通过上面描述可以看得出来，森林树好像是万金油一样，在什么地方都可以起到保护土壤和与自然斗争的作用。那我们将要把森林带放到哪里去呢？

　　首先，最外围的防线在乌拉尔河的两岸，从魏西涅夫山起到里海的地方，是由6块森林带组成的，主要是防御中央亚细亚的干热风。其次，要防御的

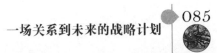

地方，从库伊贝舍附近夏伯阳城开始，沿着伏尔加河右岸的草原地带，到伏尔加河下游的符拉基米尔城为止。再者，就是从斯大林格勒起，到契尔刻丝克为止的四道森林带。而根据战略意图的不同，防线的作用也不同，上面的几道防线主要是预防干热风，而还有一条预防水灾的防线，它处于大河的两岸沿线而设。

以前河道上绿色植被很少，当雨季来临的时候，水从山上狂奔下来，不但使地面变得坑洼不平，而且还把土壤的表层冲洗掉了。当水流不再那么湍急的时候，泥沙就慢慢地沉淀了下来，形成了浅滩和沙洲，慢慢地河道就被阻塞了，等到下次水流再次奔腾而来的时候，河道就比较危险了，因为河床的升高，水就会漫过堤坝，冲击堤坝下面的土地，洪灾就这么形成了。

为了防止河水的泛滥，人们建造了森林带，但这样的防御阵地也不能完全地阻挡敌人的进攻。只有在政府的调控下，大家团结一致才能战胜那不可一世的敌人。

在全民皆兵的那段时期，全国共建成了森林防御地带多处，如果把树苗一次排开的话，可以绕地球赤道 50 圈以上，这是一个多么浩大的工程，在以前简直就是天方夜谭，但是现在它却真真实实地矗立在我们的眼前。正是这些森林带的有力保护，才把自然灾害入侵的脚步放慢，才留给了我们战胜敌人的前期准备时间，让我们有能力给灾害这个敌人致命的一击。

16 次考察活动

当确定这场战争的敌人是旱灾以后，侦查连队马上就出动了，他们借着战争之前的短暂平静，对敌人分区域、分阶段地进行了 16 次的考察。其中前 6 次是对划分区域进行的侦查，后 10 次主要是了解敌人的分布，根据地形制定相应的作战计划。

要把我们的重型大炮——森林放到哪里呢，怎么才能建立好重炮的根据地，怎么保证提供充足的补给来应对这场战争呢？要解决这几个问题，需要有严密详实的计划。需要政府全面的调控，需要有相关知识的学者和部门的参与。

各个部门都参与了进来，包括农林改进研究所，土壤和地理研究所，苏联列宁农业科学院，乌克兰林业研究所，沙拉托夫农学院，参加战斗的人员不仅仅只是农业方面的专家，还有水文学家、水利学家、林学家、气象学家、农林改良学家、动物学者、农学家、植物学者等，他们都运用自己的知识为这次战斗提供服务。

知己知彼，百战不殆。在大战前，侦查部门要充分发挥自己的作用，对敌人了解得越透彻，就越好针对敌人的弱点狠狠地打击它。但还是需要实地的考察，以确定自己的方案是否正确，因为战争是不允许出现偏差的，需要对每个位置，每个战线进行测量。学者们对整个战役进行了充分的研究，制作了战略方向，

学者们的理论研究讨论工作是在冬天完成的，所以考察工作也是在冬天开始的。

他们要考察的第一件事情，就是验证现实中森林带的分布与图书馆留下来资料是否相同。几十年来，人们只有在图书馆才能查阅到关于土壤、森林、气候、河流的资料，但是那些资料已经几十年来没有人进行更新替换，所以很多原来的资料与现状都不很相符，这就需要人们实地考察，记录数据，重新制定一个苏联全国的土壤、森林分布图，这个工作耗费了当时研究人员的很大精力，耗时长达近 10 年，但是它的作用却是巨大的。直至今日人们还在研究这张地图。

人们多年来对知识的积累，好像可以运用到实践当中去了，而且是在全民皆兵的大环境下，学者们充满信心，不管遇到什么困难，都可以迎刃而解。人们整理好实地考察所用的实验器材和自己简单的生活必需品，就冲向了出

发的车队。大批的科研人员被汽车运往各地，每辆车都到达了自己要考察的地方，而指挥部的司令员也在焦急地等待侦察兵的勘察回复。

在5500千米的地带上，挑选出适合战略防御的森林地带并不是简单的事情。队员们一到达目的地，测量人员就开始对土壤、地形、山谷等做实地的考察，他们按照之前配发的地图上的标识进行实地考察与采样，并且在原来的地图上补充上面没有的山丘、峡谷等新的信息。

土壤被送回实验室，做着数据分析，学者焦急地等待着分析结果。当然考察地的学者也不会空闲下来，他们会利用手中的仪器做些力所能及的实验。有些考察通过考察人员所带的工具或者所学的知识就可以得出结论，比如有些土壤只要知道它的土壤颜色或者小团颗粒的大小就可以知道土壤的肥力，当人们开始整理营房的时候，科研人员就可以知道脚下土壤的构成了。

这是因为土壤也有自己的特性。凡是盐碱地，那里一定生长着绿色的苦艾叶，并且它的颜色经常是银色的，像羽毛一样；盐沼地，经常有黑色的小草地，而它的周围却是白色的，盐沼地的表层上面都是干的盐粒，所以看上去就像

▲ 盐沼地

雪一样。

盐沼地是让测量人员头疼的一种土质。土壤学家把土壤的成分都标示出来，只做了一个切面的土壤图，然后把这张图传递给林木学家，林木学家根据自己的知识，在不同的土壤上种上能在上面生长的树木。就这样地图上的信息慢慢变得越来越丰富，地图的颜色也开始不再单调了。

考察队伍向前推进的速度并不快，因为他们到达每一个地方都要进行实地的考察，记录数据和土壤结构，有的时候他们沿着道路前进，有的时候沿着河流前进，有的时候顺着峡谷前进，他们的足迹几乎遍布了所有的地方。

研究人员在勘定路线的时候会遇到很多的困难，他们力求把路线做到精益求精，不能漏过地势最高的地方，必须要找到这条线，因为森林的组成越多，所形成的避风的面积就越大，把勘定路线确定在草原的最高处，可以控制好山坡上的水流，不让它们把土壤冲刷下去。但是勘定路线并不会在人们面前显现出来，他们经常在一个地方来回观察，反复讨论，只怕错过任何一个地方，正是他们的这种严谨精神，才确定了对自然灾害大反攻的胜利基础。

在大河上勘定线路更是一个十分复杂的事情，因为要沿着大河的岸边先进行实地的勘测，然后在河岸上制定种植树木的路线，因为河道比较长，而且河道是多变的，河道的宽窄就直接影响到水流的速度，所以在岸上种植树木的宽度就要相应地变化，可见这个实地的勘察是多么重要，虽然非常消耗精力，但是队员们总是在确定一个勘测点后，流露出开心的笑容。

乌拉尔河就是一个非常明显的例子，在形成乌拉尔河的上游河段，大多都是小溪汇聚到乌拉尔河的，乌拉尔河的上游看起来很温顺，所以水流并不是很湍急，河周围的堤坝上长满了树木和青草，周围的庄稼也长得十分茂盛。而乌拉尔河的下游却和上游表现得大相径庭，河流变得很湍急，河水冲刷着堤岸，把许多砂土和细沙都冲到了河里，泥土沉淀后，河床被抬高了，河面越来越宽，而河岸也变得越来越宽。为了防止河水冲开堤岸，人们就必须在河岸上种上更加宽厚的森林带。

在不同的土壤、草原和沙漠上勘定路线也是不一样的。人们对河流进行考察，是为了更精确地制定出线路。他们会把规定的线路设计在堤坝上面，有的时候会把线路设定在草地上面。

森林在不同地方它的主要任务也是不同的。在陡峭的斜坡上面，它主要是阻挡风的路线，降低水流的速度，巩固住土壤；而在沙漠中，森林的作用则是把地里的水引上来，使空气变得潮湿起来，它的作用完全就像是水塔一样。

自然是什么，没有人能给出确切的答案，却能感觉到自然的魅力，正因为自然有无穷的能量，所以人们想去征服它，必须制定新的规则，而自然则必须遵守规则。这个任务看起来非常复杂，而且问题也不是一下子就能完成的，在每种方案中，方案之间可能会有很大的争议，这个时候就会有权威人士出来论证方案的正确性。但是更多的学者会到田间地头验证试验的真实性。

一个问题的讨论是要在政府的造林总指挥部和科学技术委员会的认可下才能进行，讨论结果才算符合规定，可见人们对于改造计划的慎重。

对于森林要放到哪里才能更好地发挥出它的作用问题，人们按照地图上的标识，在草原上寻找着，只要他们一旦完成野外的工作，就会马上投入实施阶段。这里的每项工作都是十分有意义的，建立森林的目的，将要做哪些工作，如何保护，需要多少树苗，土壤如何改良，这些问题都会迎刃而解。

森林计划的规模是空前的，之前的任何计划都没办法和森林计划相比较。森林计划不再是那些没有生命的建筑，而是有生命的树木和青草。这个树木和青草还必须要适合当时当地的生长气候，如果土壤的水分不足，就要靠积雪和地下水来滋润它，人们在沼泽地里洒下些石膏，来降低它的酸碱度，然后再种植一些草木和适合生长的植物。

有生命的建筑物

森林的建造不是一件轻松的事情，而是十分艰难的，森林是一个有生命的，不像那些没有生命的建筑那样好控制。在栽种它们的时候看似没有任何的关联，但其实它们是有着密切联系的，这种关系可能是互相友好，也可能是互相敌对的。

曾经读过一本《森林学》的书，书中的知识很是新鲜，讲解的道理也是深入浅出的。在森林里面，它们不只是孤立的个体，它们也会经常上演各种明争暗斗。因为人们对自然的不合理开发，把森林中高大的树木都砍伐了，剩下的只是些矮小的树苗，这些树苗是十分娇气的。在以前，春天的早霜是不会对小树苗造成任何伤害的，因为大的树木都在上面把早霜给挡住了。但大树被砍倒后，小树苗就要直接面对早霜了，小树苗哪里能抵抗得住早霜的攻击，很快就败下阵来。

不过凡事都是有两面性的，有弊就有利，当人们把大树都砍伐之后，芦苇就可以生长得很快。这个时候，大树的增援部队又赶到了，白杨树和桦树的种子随风而来，空降到这片区域，马上就占据了地盘，种子生根后，很快就发芽，成长的速度也十分迅速。在白杨树的树冠还没有结拢之前，生命总是向上生长，当树冠结成后，阳光就不能透过森林射到地上，而在黑暗环境下生长的小树，只能忍受没有阳光的日子，而这个时候的芦苇因为见不到阳光，慢慢地枯萎死去。慢慢地它的枝干就会和树叶一样腐烂，成为大树的养料。

在这个时候，芦苇已经在地上铺满，而且树冠之间的交叉也阻挡了大部分的早霜，所以土壤并不会被冻坏。高大的树木在长到一定的程度后，就不会再次生长，而它根部的小树还需要继续生长，慢慢地小小的枞树开始长高，

▲ 枞树

因为它是喜阴植物，所以黑暗并不能阻止它的生长，等到它长到同杨树那样高的时候，它就会利用自己的各种手段，把它们打败，然后冲出它们树冠的包围，把杨树和桦树狠狠地踩在它们的脚下，因为杨树和桦树并不适应黑暗的化境，所以它们开始慢慢地枯萎，枞树成了这个森林的新主人。

上面的例子表明，在森林中并不是我们想象的那么平静，它们之间也是相互作用的，有友好和敌对之分，但这需要我们仔细去研究。森林学家有时把榛树和橡树放到一起种植，有时把橡树和枫树放到一起种植，看它们之间的联系。学者们认为，只有让这两种不同的植物在一起生长，才能更好地利用植物的特性，促进植物一起生长，达到事半功倍的效果。

几乎在每寸土地、每种土壤中都种植上植物，看看是否适应植物的生长。学者们在沙地上种植桦树，希望这种树在千百年的生态净化变迁中适应土壤的生存，但是通过人们的实际种植情况可以看出，桦树根本没有办法在沙地里存活，因为没有足够的水分，水分都被砂土给吸到下面去了，可是桦树的根系是横向生长的，并不能把纵向的水分吸收上来，所以桦树是不能在砂土上生长的。松树是可以在沙地上生长的，并且它对各种土壤环境好像都很适应，因为它的根系是向四面八方分散开生长的，无论水分藏在土壤的上中下哪一层，都能被松树的根系给吸上来。

橡树被称为生命之王，它在大多的土壤中都可以存活，但是在盐碱地里却没有办法生长，这是因为橡树没有办法吸收含有盐份的水分，盐份可以吸附水，所以土壤中的水分都被盐吸收了，盐碱地看上去，总是那么干旱，即便是植物能把一部分盐水吸到上面去，也会造成植物的脱水，即便是植物生活在水里面，植物也会被渴死的。

还有一种植物的生存，它的生存状态只能用怪异来形容了，因为它可以在盐碱地里生存。这就是柽柳。它以一种特殊的生存方式生活在森林中，就算是橡树或枫树没有办法生活的地方，它们也能很好地生长起来。

▲ 沙漠中的柽柳

树和土壤的关系，是相互依存的，树木靠土壤生存，其实土壤也是十分依赖树木的。

举例说明，森林灌木是相互依赖的，灌木把小树包围了起来，这样灌木就给它提供了一些压力，所以人们称灌木为"催生婆"。

"催生婆"给森林带来的益处，其实并不只是这一点，它还会帮助树木与草作斗争。草会掠夺小树的阳光和水分，让小树没有办法生存。而灌木把阳光与草完美地隔绝开来，因此草就长不起来，而如果没有灌木，森林中就会随处可见芦苇了。

树木与土壤之间的关系就是这样的。但还有一种看不见的联系，这种联系是不可能立刻就能觉察得出的。

森林依赖于丛树的地方是非常多的。如果沿着边缘向草原推进的话，那灌木就是前哨，为森林的前进清除障碍物。灌木对于树林还有另一种好处，那就是有许多鸟类会在灌木中筑巢，鸟会吃掉搞破坏的毛毛虫，帮助树木健康成长。另外，有杂草的地方也是老鼠最好藏身的地方，老鼠藏在杂草丛中会吃嫩枝。当然，老鼠也有它的对头，如雕、枭、猫头鹰等。

对于上面这些信息，拟订森林计划的人，都会有一个充分的了解，所以在考察队中，就出现了各种各样的专家。

例如，昆虫学者就要预先搞清楚，树木将会遇到哪些六只脚的敌人（昆虫）。而鸟类学者就应该找出有哪些鸟类能帮助树木与昆虫作斗争，并且如何让这些鸟类能住到那些刚刚造成的新森林中。而除了那些在灌木上做巢的鸟类以外，还有些鸟类是生活在空心树中的。可是在刚刚造的森林中是没有空心树的，因此在这片森林中，我们就要为鸟类做一些人造的空心树，也就是鸟巢。

椋鸟自古以来就是人类的好朋友。春季的时候，椋鸟从南方飞回来。椋鸟欢喜地瞧着为它特意预备的"避暑圣地"。它看到这些敞开门一样的洞，想知道那里是否已经有人住着了？在经过一番查看之后，它发现这个避暑地方没有主人，于是椋鸟就把黑尾巴露在洞外面，钻进洞内开始收拾起来。不久之后，它就从洞里飞出来，站在附近的桦树树枝上开始梳理自己的羽毛。似乎周围的一切对它来说都显得那么合适。避暑地很方便，雨水也不会落进去。洞口做得也很高，那些吃鸟的动物，如猫想要把爪子伸进去，也抓不到里面的小鸟。位置设置得也很好，离水池很近，鸟儿们飞出来就可以到那里去喝水。这个地方也有很多邻舍，椋鸟非常喜欢朋友，因为大家在一起，安全防盗也就很容易些。

避暑地从来没有收拾过的，里面残留了许多垃圾，于是椋鸟很耐心地衔出里面的废物。等到终于收拾完了的时候，椋鸟就会站在桦树最高的地方，开始扇动着自己优美的双翅，一俯一仰地唱着优美的情歌："亲爱的，快来呀，一切都准备好了！只缺了你一个了。"等到椋鸟孵出小鸟的时候，就没有功夫和精力去唱歌了。因为这个时候父母只关心一件事，那就是养育子女。椋鸟在照顾小鸟的时候，有时候会因为飞来飞去寻找食物累得跌下来了。真是不容易呀，可是没有办法，小鸟长得快，吃得也很多。

椋鸟不仅仅关心自己的下一代，而且还会帮助人们：它们让菜园、果园、森林不会受到害虫的侵犯。另外，别的森林中的寄居者，如山雀、兔子、梅花雀等，也是人类的好朋友。

但也有一点不如意的地方，那就是所有的鸟类都喜欢住在它生长的地方，住在它的祖祖辈辈生活过的地方。所以每年春天，它们都要成群结队地在海和陆地的上空飞行几千千米路，飞回到自己的老家去。

新的森林带，鸟类是不会把它当成可以居住的家的。那么怎样才能让它成为鸟类可以居住的地方呢？

为了让鸟类住到新的地方来，人们采用了一个很狡猾的点子：把梅花雀的蛋放在它们亲戚麻雀的巢里。当然麻雀肯定是会抚育这些弃儿的。在秋季的时候，小梅花雀会飞到别的地方去过冬，而到了春天，它们又都会飞回森林带中来了。

现在，森林学家最应该解决的首要任务是用哪种树木和灌木来"造"林呢？

如果想要针对这个问题给出一个正确的答案，就必须知道森林与草原之间的相互关系：是否相互有冲突，是否相互有损害，或者是否在与各种草原的灾难斗争中能够相互帮助。

这些种种推测都需要实验来做出结论，但是用来实验的地方肯定不是在苗圃中的这一小块土地上进行实验的，而是要在几百、几千公顷的土地上进行实验。另外，想要这个实验稳固而且长久，需要的不仅仅是几棵树，而是整个的森林。

树木的生命比人的生命要长很多。到目前为止，还有很多很大的橡树是彼得大帝时代所种的。可是我想请问一下，现在还有彼得大帝时代的人吗？不是同一代人的林学家如何能做到草原、树木、灌木的各种配合……

那么我们怎么办呢？从事造林的这个实验，而只能将草原的改造留给我们的子孙后代去完成吗？不，我们很幸运，因为草原的实验早已经开始了。

实验从未停止

1843年，人们在草原中建立了一片森林，在森林的主路上，有一座纪念碑，这个纪念碑的主人叫作葛拉夫，他在保护林木上作出了极大的贡献，人们把他称作森林的护林官，所以人们为他立碑。

在很早之前，人们认为草原上的土壤是不适合树木生长的，葛拉夫却想要向人们证明这种看法是错误的，所以在他的层层筛选下，他发现了一种可以在草原上生长的树种，这是他经过千百次的实验得到的结果。在这千百次的实验中，橡树的生命力表现得极其顽强。所以他选择了橡树的种子作为草原的第一批来客。

▲ 独木能成林的橡树

葛拉夫发现了橡树，他开始幻想着，如在森林中大面积地种植橡树，是不是就能建成森林。虽然橡树可以适应草原的生长，但是造林的工作进行得并不顺利。葛拉夫发现是草阻止了森林的形成。他最早种植橡树的时候，把橡树的距离故意地拉开，因为他怕树冠会交叉在一起。后来，阳光透过树叶间的空隙，直接投射到地面上，地面上的草接受着光合作用，它依附在树根处吸收着树的水分，就这样草长得飞快，草把大树的营养一点点地都偷了去，这样橡树就不能茂盛地生长了。

有一些树木是可以在草原上生长的，这点葛拉夫已经得到了证明，因为他通过了很多次的实验，所以他也总结出了一些经验，这让他的科学之路变得丰富起来，正是因为对实验的执著，才找到合适草原生长的树，这在以前是没有的，这就是他的功绩。在葛拉夫之前的人们，他们即使想到过在草原上种植树木，但是之前的学者并没有自己研究过，而且也从来没有一个学者主动的考察、试验过。甚至之前的人都不想在草原上种树保护草原的事情，所以葛拉夫的草原种植之路走的是多么的艰难。

通过大量的实验和时间的考验，葛拉夫在草原上种植植物的方法虽然成功了，但是要想让植物长期的生长下去，这就需要和草原上面的其他物种进行竞争，草原树木的最大的竞争对手就是野草，野草是喜光的植物，如果人们种植树木的密度比较低，树冠不能交叉在一起，阳光就能照射到地面上面，野草就可以吸收阳光带来的能量，野草就会长得疯狂，人只有通过对树木的呵护，把野草清除掉，树木才能健康成长，否则草会把树木的营养都给偷走，树木就会慢慢地枯萎。

葛拉夫以为橡树不能胜任森林的工作，马上又对榛树产生了兴趣，但是因为榛树的树冠非常稀疏，所以阳光透过的光更加充足，野草在得到水分和阳光后，变得更加肆无忌惮，于是向树木发动着攻击，榛树很快就败下阵来，这是因为野草不但可以和树木争抢营养，还是昆虫繁殖的首选地方。

其实灌木是可以抑制野草的生长，帮助树木生长的，只是当时的葛拉夫没有注意到这个情况，在森林和道路交接的地方，我们看到有种植的灌木。葛拉夫的草原开辟森林的计划没有成功，另一位学者巴尔克却在无意中有了一点小突破，他把树的种植密度增加，这样树冠就可以上面交叉起来，地下的野草因为没有阳光的照射，变得无精打采起来。对野草的生长起了关键的抑制作用，但是好景不长，这种抑制没有几年的光景就又不存在了。

因为巴尔克用的不是橡树，而是生长较快的榆树、榛树、金合欢，这种植物的生长速度比一般的植物都快，他把所有的土地都种上了这种生长迅速的植物。刚开始的时候，树木没有让巴尔克失望，虽然树木长得飞快，它们的树冠就交织在了一起，形成一个大的保护伞。但是它们的衰老也是十分的迅速，几年以后，树冠上面的枝叶都开始了颓败，阳光再次照射到树根处的野草，野草就像酒鬼见到甘甜的酒水一样，贪婪地享受着阳光的快乐，野草疯快地生长，很快又重新占领了有利的局势。

巴尔克实验的失败，使当时的很多植物学家很是诧异，为此护林的官员们还召开了一次会议，主要是针对巴尔克的实验，分析为什么会出现这种结果，怎么做才是正确的方法呢？

有个叫吉洪诺夫的人把橡树和枫树，榆树和榛树混合在一起种植。刚开始的时候，树木的长势极好，人们认为找到了真正的构筑森林的办法，立刻把这种方法推广到整个的顿河森林区域，但是很快现实又给了人们一记响亮的耳光。人们发现榆树这种品种好像比其他的树木长得都迅速，橡树在开始阶段几乎就不怎么变化，这是因为它先要发展自己的根基，就像是我们集团军的后勤部队，当后勤部队准备就绪后，前面的作战部队才无后顾之忧。人们几乎用肉眼就能观察得到，这种混合型的生长，让森林出现了新的问题。

因为榆树的生长速度较快，很快它的树冠就在橡树的上面部分交叉在一起了，这样榆树就把橡树压在了下面，阳光也不能射透厚厚的榆树树冠，因为没有阳光，橡树变得没有了生机，而人们为了榆树和橡树更好地一起生存，就在榆树的树冠上面进行了修剪，这样，阳光又可以照射到了橡树，但是人们种植森林的目的是什么，难道就是为了修剪榆树的树冠？

橡树是要在有阳光的地方才会生长的。可是这个"正确"的方法却让橡树没有了赖以生存的阳光，于是橡树就弯着长，以期望能得到阳光，问题是阳光还是不够，这让橡树的顶上就有点枯萎了。十年后，橡树上面就有了苔衣，完全和老树一样了。

为了帮助橡树，人们就要为森林"开天窗"，把榆树的树枝和树顶砍掉一些。在那个时候，森林像是一个战场一样，地上留下了许多残体。这些武器，不仅有刀和斧头，还有磨得很快的哥萨克的剑。著名学者裴所茨基有一次去过刚刚"开过天窗"的一个官家森林区。他说："被砍的榆树树枝，有的还挂在树上，有的倒在地上被践踏着。有些榆树砍了一半，有的砍得还要低些。从上到下地砍，剩下的树干与树枝也大都被劈开了。"在看到这幅情景之后，裴所茨基感到非常悲伤。人们植树的目的难道是为了要把它弄得这个样子吗？可是这种残忍的做法也帮助不了森林，很多树木都枯槁了，就像得了一场流行性的疾病……

　　裴所茨基是道库恰耶夫得力的助手之一。道库恰耶夫总共选择了三处试验地——克敏诺士、大安娜陀里及捷尔库里斯基。在当时，裴所茨基是大安娜陀里试验地里的管理员。他在那里工作了12年，在那段时间里，他总共种植了500多公顷地的护田林。裴所茨基坚决反对所谓的造林的"正确"方式。他认为，在原本贫瘠的草原地带，在这片黑色土壤中，占主要地位的应该是那些最稳固和贵重的树类，比如橡树，而不应是榆树。所以，想要橡树长得好一些，那么现在和它植在一起的，就不应该是将来要用斧头和刀砍掉的敌人，而是能够一起长大，相互帮助的朋友，而这样的朋友是很好找到的，这就是灌木，比如鞑靼枫、小卫矛树、忍冬、黄色金合欢、山楂等。

　　灌木会帮助橡树，会使它能见到阳光。灌木也能保护橡树不受春寒和草原草类的侵害，灌木的落叶还可以使土壤肥沃起来。当然，最重要的一点就是它们永远不会"压倒"橡树，橡树想怎样长就怎样长。

　　当然，自然界本身也证实了这个结论：在那些已伐过的森林的幼林中，在峡谷与河流的上游，灌木都会自行生长，根本不需要别人的帮助，并且在每一棵小橡树的周围，都有一些很稠密的灌木丛林，它们以自己的阴影驱逐了野草，使小橡树不至于在草原上受到伤害。

　　除了灌木以外，另外一种耐荫树木，如针叶枫和菩提树，也可以跟橡树种在一起。而这种"树木阴影"的植树法，是达赫诺夫所发明的。枫树一般

一场关系到未来的战略计划

没有榛树或榆树那样有着稠密的树冠。如果在种植橡树与枫树的时候不会种得太近，枫树就不能遮住自己邻人的阳光，反而枫树会保护橡树，它伤害了野草，妨碍野草的滋长。

达赫诺夫也在大安娜陀里工作过。他的"橡树—枫树"的种植法，到现在还被人们所引用。这种种植法齐整、茂盛，橡树被那些枫树的深色树顶所包围着。在地面上根本看不见野草。人们在树林中穿过的时候，脚踏着落叶，感觉一种阴森、荫凉的空气，甚至还有一种霉菌的气味。你或许会不相信，其实南部草原地区就是这样的，而北方的森林倒不会如此。

大安娜陀里百年来的经验，证明苏联"人工造林"的成果在世界上是值得称赞和推广的。

在草原，夏季干旱炎热，冬季严寒少雪；在这里，黑风暴和干热风常常来肆虐。可是在这个地方，人们却建立了一个面积3000余公顷的森林岛屿。在这个地方，有很多50~100年的树木。草原地带的森林是一个露天的大实验场所，学者们都会在那里研究森林的生活及各种树木与灌木之间的复杂关系。现在，有很多青年林学家都要到大安娜陀里的国营林场去学习，讨论草原地带造林的问题。

建立良好的 外 交 关系

两个国家在开战之前，都要互相拉拢对方周围的伙伴，希望和自己进入同一个阵营，壮大自己的力量，来打击对手。和自然的旱灾作斗争同样也需要帮手，我们需要借助自然的力量去改变自然的另外一种力量，如何和自然界建立统一的力量呢？这就要有良好的外交关系和多变的外交手段。

如果想要征服陡峭的山峰，我们先要找到流经山峰的瀑布；如果我们要和沙漠的热风对抗，可以制造风车来寻找水源；如果想要战胜野草，可以找灌木来帮忙……我们可以在自然界中寻找同盟来对抗敌人。

▲ 灌木

人们在草原中发现一种特殊的关系，就是野草可以战胜森林，之所以能够战胜，是因为人在无意中把森林的树木砍倒，给野草创造了一个条件。而自然界中的关系并不是只有友好和敌对的一种关系，虽然我们有的时候无意间帮助了野草，这并不是代表我们和它的关系就是友好的，当人们认识到野草是阻止森林建成的一个因素的时候，人们就和野草站到了对立面，而当野草开始在田地里生长的时候，野草也成了我们的敌人。这个时候森林和田地又和我们成为了一个战壕里的战友。

虽然二者之间没有共同的联系，但只要有共同的敌人，它们之间就可以在一个时期内达成同盟。森林在栽种之初的时候，它和野草的竞争相当的激烈，在森林还不是强大的时候，人需要主动地和草进行斗争。这个时候，人如果帮森林一把，后面就可以得到森林更大的帮助。

当森林长得高大、大片的时候，就可以帮助田地和自然进行斗争了。

但是野草也并不是一无是处的，之前我们说过，多年生的野草也可以分散土壤中的小团颗粒，增加土壤的肥沃性，野草长在贫瘠的土地上时，也是我们的朋友。很多事情往往有一个环境的前提，同样一种事物，在一种前提下可能是对人类有帮助的，但是在另一种环境下，对人类就是有害的，所以我们先得确定前提条件。自然界同时也遵循一个资本主义的原理，那就是"没有永远的朋友，只有永远的利益"。但是这里的利益没有资本主义那么赤裸裸，这种利益是符合自然的生长规律的，是符合广大人们群众的需求的。

一场关系到未来的战略计划

学者们还发现了一个有趣的现象，植物栽种密度的大小也会影响它的生长，拿橡树为例，种植的间隙较大的话，橡树有可能受到野草的攻击；而种植的密度较大，橡树会没有足够的养分生长。

这个问题要看从哪一方面考虑，在一定程度上，大密度地种植树木，树木的树冠可以交织在一起生长，这样阳光就很少能透过树冠照射到地下，那它们根部的野草就没有生长空间。但是从另一个层面上看来，树木有的长得高，有的长得矮，所以它们也有不同，时间越久区分越是明显，长得高的接收到的阳光充足，它们就会更加的健壮，长得矮的只能吸收少量的阳光，慢慢地矮树就会被淘汰，这就是自然界的物竞天择，适者生存。

人们一旦发现了森林的规律，就会马上投入到新的战斗中去。虽然经过几十年后，高密度的橡树种植最后可能就剩下几棵高大的成活，但它们是经历过了自然的选择，留下的是胜利者。它们的树干也很粗壮，叶子也很茂盛，并且，在橡树和橡树之间进行竞争的时候，它们的敌人野草不经意间被打败了。森林的组成并不只是一种树种的，它们还需要很多的其他的植物来进行互相的影响和照顾，共同地生长发展，这才是自然的生存法则。如果小橡树在种植的时候密度比较稀少，它们很有可能就会在和野草的竞争中处于劣势，慢慢地被淘汰。所以增加了橡树种植密度，小橡树成活率就高了，因此在它成为可以独挡一面的大树之前，它是需要"保姆"照顾的。

小橡树 与 保姆

有一首很老的歌，是妈妈唱给宝宝听的，由于时间太长，歌词已经记不太清了，大概是我给你找了个"保姆"——太阳，风和山鹰……

在现实生活里，我们要保护小橡树，使其避免遭受可怕的伤害和灾难，那谁可以做小橡树的"保姆"呢？

保护小橡树，既要使其避免炙热的阳光的暴晒，又要使其免受猛烈的干热风的侵袭，最重要的是，还要使其躲避野草的毒手。因为，太阳和风都会给小橡树造成伤害，甚至还会直接导致小橡树被晒死，所以它们肯定是不能做小橡树的"保姆"的。

　　而小麦才是具有以上优秀品质的"保姆"，小橡树在小麦的精心呵护下，在这片土地上健康地茁壮成长，长大成人后的小橡树也会心怀感恩地保护小麦，使其免遭炙热的阳光和干热风的毒手。

　　小麦在为人类结出累累硕果的金黄色麦穗时，从未忘记自己肩负着保护小橡树的职责，在毒辣的阳光吞噬下，小麦以自己的身躯为小橡树遮挡，在野草肆无忌惮的侵袭下，小麦为小橡树坚守边境，在小麦精心的照顾下，小橡树健康茁壮成长。

　　在小麦成熟丰收的时期，勤劳的人类就面临着一个问题，要怎么样收割小麦才不会把与小麦一起成长的小橡树一起收割了呢？

　　人类在收割小麦的时候，为了避免误伤到小橡树，使用联合收割机只去收割小麦，尽量避开小橡树的生存空间。于是，在收割完的麦田里，还能看到没有被割倒的小麦依然耸立在那里，在寒冷的冬季，为了防止积雪被风吹到峡谷中去，失去麦秆和麦穗的小麦仍然继续坚持工作。

　　年复一年，小橡树还是离不开小麦的照顾和保护的，在开始的四年时间中，每到秋季人类还会播种小麦，小麦也会一如既往地照顾小橡树。除了小麦以外，黄色金合欢也是人类秋季播种的对象，长大起来的黄色金合欢也会像小麦一样保护着小橡树茁壮成长。三年时间流逝，黄色金合欢已经长大，而小橡树依旧矮小，在小橡树成长的这段时间里，黄色金合欢用自己的身影遮住地面，使肆虐的野草失去生长的机会。在这四年的时光中，小麦和黄色金合欢就轮流交替的地做小橡树的"保姆"。

　　另外，人们在橡树丛中间的宽走廊上种上三行黄色金合欢，比橡树迟一年种植在这片土地上的枫树，被种植在每一行橡树的中间地带中，是橡树亲密的邻居。

树木之间会经常出现小摩擦，但是它们不会过分地互相伤害，所以把枫树和橡树的距离拉开也是有道理的，虽然枫树成长的速度比较快，但是因为它的种植时间晚一年，所以在几年之内枫树的高度并不会超过橡树。当橡树和枫树的树冠交叉在一起的时候，树下的阴影也变得非常浓密，这样树下的野草就不能伤害它们了。

在农场工人的精心呵护下，试验出来的小橡树和枫树已经可以抵抗夏季的酷热和杂草的进犯了，在这几年的时间里，小橡树已经长得很高了，它的根系也深入土壤的最深处了，这个时候的树木真是做到了根深叶茂。

我们已经找到合理的方法去建立森林带，这是由考察团在经过无数次的实践，在上千公顷的土壤上实验得来的。我们的目的就是告诉人们，森林不仅需要自然界的"保姆"，更需要人类朋友的帮助，只有大家都不去乱砍滥伐，才能让它长成参天大树，成为抵挡风暴、洪水的屏障，最终才能保护我们的田地和家园。

如果你想在我的书中找到学习如何造林的方法，那只能告诉你选错书了，你可能需要一本植物指南。此书上的结论都是通过大量的实验和实践总结出来的，希望可以对农民有真正的帮助。

第08章

让树木驻军草原地带

在植树的过程中，我们不但需要种子、树苗，更需要一颗对植树造林的热爱之心。因为有了兴趣，才会发自内心地去做这件事情，才愿意花大量的时间来照顾刚刚长出了两片叶子的小橡树。

强大的"绿色军队"

当一切部署妥贴，并按计划进行的时候，各个兵种的布阵也已经安排停当，人们开始摩拳擦掌，跃跃欲试起来，各个队伍都整装待发。接着他们迈着整齐的步伐，浩浩荡荡地向草原进军，各自占领有利地形，时刻准备对敌人发起进攻。

虽然现在人们把那些小树苗都种到了指定的位置，但是开始的时候，人们寻找这些小树苗也耗费了很大的气力。杨树、槐树的树苗到处都是，但是大面积的森林不能只有这两种树木，它需要很多品种的树木来相互配合，才能让森林永驻青春。松树的种子就不那么好找了，它并不是每年都有种子的，有的需要两年，有的需要三年才能结出种子。橡树的种子需要更长的时间，甚至可能8年才能见到。有的种子是靠风把它带到别的地方来传播的，有的需要靠根系来传播，还有的需要它们的枝条才能生长。

等到春暖花开，雪水开始融化了，种子在土壤里面开始慢慢地发芽，一点点向外生长，嫩嫩的绿芽生长出来，就像新生的婴儿一样。这个时候它是脆弱的，需要水分和阳光等营养来促进它的生长，经过一个夏季的生长，小树一下子就长到一米左右了，好像一下蹦出来的一样。

风把松树的种子带到四周，它随着风到处飘荡，当风停下来的时候，已经离开树木有很远的距离了，就这样，等到松树成活后，它们就会慢慢地形成一个森林带。但是它们传播的方向是根据风来定的，所以它们的生长毫无规律，四面八方好像都有它们的兄弟姐妹，这不符合人们的作战计划。有的地方虽然有种子了，但是环境并不能满足种子的需要，种子不能正常生根发芽，所以不能生长。人们把种子种到需要它、适合它的生长地方，然后对它定期浇水、施肥，让它快速生长，来完成自己的作战计划。

还有一些种子是在森林里小鸟的帮助下成长起来的，当然小鸟的初衷并不是播种，它们是把树的枝条拿到其他的地方搭建自己的小窝，在路上有一些掉落的枝条就扎根他乡了，也有一些枝条在它窝旁边直接就建立起自己的根据地了。还有一些小鸟，本来是打算把树的种子当食物的，在不经意中，种子落在地上便生根发芽了。这个时候我们感觉自然界的生命是顽强的，只要有一丝生机，就不会放过求生的希望。

虽然种子的生命力比较顽强，但是人们仿佛等不了了，他们要以自己的方式让树木繁殖、生长。人们开始按照自己的部署，进行各方面的改造，通过计划来对它们进行统一布局。人们在苗圃上专门培育种子，种子育成小苗后，种植在大面积的土壤中，然后适当浇水，定期进行施肥，等小树苗成活后，再进行修整，慢慢地森林就会在人的帮助下，快速地成长起来了。虽然种子可以在苗圃里培育，但是开始的时候并不是像人们想象的那么简单，也是通过多次的实验，才把种子更好地繁殖。多次的试种后，才掌握了种子的正常生长和所需要的生存环境。最后得出结论：种子是一切的开始，没有种子也就没有树苗，也就没有森林，就不能改变现在的生活环境。

像栗鼠一样收集种子

根据部署计划，人们开始先进入草原植树造林，但是因为需要种植的面积很大，所以就需要大量的种子。而以前准备的种子显然不够，所以人们就开始寻找新的种子。成千上万的人，开始向草原的腹地进发，有乘车的，有骑马的，还有步行的，他们的目标只有一个，就是要找到尽可能多的树种。

寻找种子队伍中的人们，有许多人曾多次进入森林，他们有着丰富的经验，知道在什么地方可以找到适合的种子，所以每次回来都是满载而归。而孩子们的注意力则是更多的森林果子，还有草莓、蘑菇等。但是这次小孩子进入森林并不是像以前一样去采摘草莓和水果，因为他们也有寻找树木种子的任务，所以这次他们也像大人一样去寻找树木，寻找适合在草原生长的树木的种子。

为了能拾到合适的种子，小孩子们早就学会了如何去辨别树木的种子品种。而且他们也知道在什么季节可以收集到什么种子，比如桦树的种子是在夏天收集的，它的种子是那种长长的、柔软的，当它上面的荑黄花序变成褐色时，一伸手就一下能把种子采摘下来，但是如果过了这个时期，风就会把它的种子吹到四面八方，再想采集它的种子就是不可能的事了。在这些种子里面叶枫的种子是最容易收集的，因为它会自然脱落到地面上，人们只要把它们捡起来就可以了。

把地上的种子捡起来，这在森林里面是最容易不过的事情了，但是有一些种子成熟后不是落在地上，而是挂在高高的树上，采摘这些种子就会有点麻烦，但对于身手灵活的孩子来说，上树采摘种子不是什么难事。他们爬上树，灵活地穿梭于树枝之间寻找种子。但对于有的孩子来说，虽然不能上树去采摘，但只要肯动脑筋，在树下一样可以完成采摘种子的任务的。聪明的孩子会想到在木棍的一端挂上一把镰刀，然后用镰刀勾到种子把它拉下来。对于较矮的树，孩子们也可以用梯子来采摘。有的植物的身上有一层小刺，让人们很难在树上自如活动，如果用手去摘取它的种子，这些尖刺很可能就会把手指刺出血来。所以在采摘它们的时候应该多花点心思，套上手套，保护自己的手不受伤害。我们在收集种子的时候并不是什么种子都要的，也要区分这些种子的来源，比如说是橡树，有密集的橡树群和稀疏的橡树排，选择种子的时候最好选择高大树木的橡树群的种子，因为它们是经过了生存考验留下来的，所以它们的种子会很少有病害，是具有竞争力的。

收集橡树子看上去是非常简单不过的事情了，可是如果你不好好地去干，到最后就是白忙活一场，不会有什么任何收获。在收集橡树子之前，应该先知道它的父母是哪一种橡树。如果是结实的、健康的橡树，并且是成了林的，而不是那种单生的橡树，那它的后代以后就肯定能长得非常结实。在捡橡树种子的时候，还应该看看这些种子是否有洞，要看清楚是不是只剩下空壳了。有的时候你用力把橡树种子壳敲开，会发现里面有一条大毛毛虫，种子芯已经被虫吃空了，这样的空橡树种子与空蛋壳一样都是没有用的，即使种下去也是长不出幼苗的。另外，健康的橡树种子颜色也是不一样的，是紫褐色的。

收集完种子，我们不会立刻就把种子种下去，而要先保存起来，因为还要等上很长的一段时间才可以把种子种上，如果种子保存不好，它就会被虫子咬出一个空洞，里面的果实会被吃掉，只剩下一个空壳。在橡树种子成熟的时候，还需要担心飞鸟来觅食。橡树的果实是飞鸟很好的食物，稍不注意，就会有飞鸟过来偷吃。为了保护我们的劳动成果，我们要像栗鼠一样，除了做一个采摘的高手外，在秋季还需要把橡树的种子藏在地窖里面，在上面盖上厚厚的土来防止动物的偷吃和冬天的严寒，因为如果处理不当，冬天的寒冷也可以把种子给冻死的。

当种子化蛹成蝶时

对于那些未来要成长的树木，我们要无微不至地照顾它们，尤其是当它还没有长成的时候。

橡树的果实外面包裹着厚厚的皮，看上去像石头一样。橡树子落在地上，硬硬的，看上去没有什么生气。但这是它的外表，不要被这种无生气的外表所迷惑。其实，橡树的果子确实是有生气的，就好像活着的蛹一样，经过漫长的冬眠期后，蛹就会孵化出蝴蝶来。蛹是蝴蝶发展过程中的一个必要静止阶段，像蛹一样，树木也要经过这一静止状态。

诚然，这只是看上去像静止罢了，其实种子的内部却始终有着生命的涌动。在橡树子的厚外皮中，像胡桃一样的硬壳中，有许多工作都在我们眼睛看不见的地方忙碌地进行着。外皮与硬壳就像是一个堡垒，保护着睡眠中的胚胎不受灾害的袭击和敌人侵犯。如果没有这样的壳，那么种子很可能在地里面已经烂掉了，也有可能早就被虫子、鸟类吃掉了。

丰富的食物——脂肪和蛋白质都储存在这些堡垒中，也就是那坚硬的壳中。胎胚在睡醒了的时候，不但需要充足的水分，并且还需要食物来让自己发育。水想要渗进堡垒里面去是一件很不容易的事情，假如堡垒没有为水留下一条秘密通道的话，胚胎就得不到充足的水分。近年来，学者们在研究胡桃结构的时候发现了堡垒坚硬的秘密大门，那就是在胡桃壳上有许多人们的眼睛看不出的细孔。不止是胡桃有这样的小孔，就连樱桃、杏子与扁桃的核，甚至是苹果的籽，都有这样的小孔。这个门对于敌人而言是很小的，但对于水这个好朋友来说已经够宽敞了。所以，种子是不担心自己会缺乏水分的。

水分子进入种子后，胚胎会慢慢膨胀，吸收了充足的水分之后，连壳也开始软了。那些蛋白质和脂肪也逐渐转化为淀粉，这样就能更好地被胚胎吸收。但是，这个转变不是一下子就能实现的，而是需要一段时间的，最少需要几个月。如果我们缺乏耐心，在外面观察种子的变化，可能觉得这个种子似乎不会发芽了，或许会变得很不耐烦。我要告诉大家，它如此缓慢的原因是：由于胎胚内的食物还没有准备好，或许果实的壳还不够软，芽儿还没有足够的力量去突破这个牢固的堡垒，也或许是因为水分由秘密小孔进去得非常少，导致胚胎发育迟缓。

于是，那些等得不耐烦的人就会想，这样的过程太漫长了，可不可以去帮助它一下，能不能想出什么办法来早一点唤醒胎胚呢？可不可以从外面通过人为的力量去干涉一下它呢？

那些桦树或松树的树子，生长发育的过程要比橡树快得多，所以是用不着着急的，一开春，它们就会发芽。而针叶枫或菩提树的种子，如果是在今年的春天播种，那么就要等到明年春天的时候才能发芽。应该还有一种情形，那些地上的种子从来没有醒来过，它们不知不觉地在睡眠中就已经死去了。所以要想让种子发芽，就需要及时唤醒种子，这是我们的重要任务。

该如何播种呢，我们难道就眼睁睁地看着种子无缘无故地死去，或者让它莫名其妙地藏在地里而不快点长出来吗？所以要让种子健康地成长，就应该在它苏醒之前就进行必要的干预。

如何进行干预？这就要充分了解促使种子成熟需要哪些条件。首先，水分是必不可少的，所以要想办法保证给它们充分的水分，我们可以把种子与潮湿的砂土混合在一起，然后随时在砂土上洒水，并时时地拌动它。其次，因为种子也会有呼吸，所以种子在成长时需要空气，为了保证充足的空气，我们可以把潮湿的砂土和它们放在一些有通风气孔的箱子里面，保证它们不会被飞鸟吃掉。最后，种子需要适宜的气候，种子并不是随便放在哪里都可以茁壮成长的。北方的种子，习惯在北方的气候里生长；而南方的种子，则习惯于南方的气候，它们是不能互换的。为了可以及时照顾到它们，上面的这一切工作我们都应该做到了然于心。

为了保护橡树子，我们在冬季来临之前就要把它放到地窖里去，这也是为播种而做的必要准备。地窖中的温度很合适橡树种子的成长，里面不会太热也不会太冷，还有满足种子发育的充分水分。当春天来临的时候，只要把橡树种子从地窖里拿出来，它们就可以有了发芽的实力了。

"树木学校"

　　树苗在苗圃中经过严格的观察安全地生长起来了，这在现在已经不是什么新奇的事了，在苏联大多数的果园和街道上，有很大一部分的枫树、苹果树、菩提树，都是采用这样的育种方式，这些树木都是从"国立学校"中毕业的。"学校"一词会被我们在这里用到，这是根据林学家所讲的，虽然听起来觉得非常新鲜，但并不是我们在写小说胡编乱造。因为，这在育种的过程中是非常自然的，在森林苗圃中，有帮助种子长成幼苗的"幼稚园"——"播种部"，也有供树秧成长的"树木学校"，只有这样，才能保证育种成功，让它们长成大树。

　　表现非常出色的幼苗在"幼稚园"培育成功后，可以从"幼稚园"中移植到学校去进修，在那里成为树秧，当然也可以直接从播种部送到草原，让它们在那里成长，不过这只是对一部分长势非常好的部分树秧而言，多数树秧在育种阶段，都要完成这些设定好的程序的。

▲ 森林苗圃

　　林学家在森林苗圃中，对种子的长势是非常关心的，他们像照顾小孩一样来照顾小树。这些小树一行一行非常整齐地排列着，而不像是在天然苗圃中随便散落着的。这样做也是有一定的原因的，那就是为了使照顾幼苗的人，不至于会践踏到幼苗，必须在行与行之间都留有一定的空隙，方便育种的人进行检查和照顾。

工作组会提前就给这些树种打疫苗，在土壤里洒消毒药水，以防止小树传染到一些疾病。在这里，如果一棵树苗染上疾病，会很快地传染给其他小树苗，最后导致整个苗圃的树苗都死掉。这种药只会毒死土壤里那些有害的菌类，而对小树不会有任何不良的影响。当然，小树也有同盟者，就是一些菌类，它们是小树的朋友而不是敌人，它们会在橡树或是松树的树根上，缠上一层白色的薄衣——菌丝，用来帮助养料可以被树根从土中完全地吸收，防止养分流失。在苗圃中工作的人都是知道这点的，于是在播种之前，把一些可供菌类生长的土壤，放在那些种子的洞穴中，让它们能和小树一起成长。

林学家在培育小树的发展和生长中，急躁是没有什么实际意义的，因为急躁不仅无法节省很多时间，反而会损失了更多的光阴，会在匆促中，破坏大量有用的材料。所以有人会说："心急吃不了热豆腐。"当然，有积极性是很好的，它可以加速铁路的开通，可以让工厂的车床工作得更快。人们已经找到了很多帮助树苗快速成长的方法。一些学者发现，如果用泥土、腐烂的叶子与野草这些东西结合制成混合肥，这种肥料提供的养分均衡，会让松树长得更快。这是为什么呢？学者们研究了这些混合肥料，经过研究他们发现，有一种能加速松树生长的细菌存在于这些混合肥料中。所以如果在播种松树之前，就先在土壤放上这种细菌，那松树在这种细菌的呵护下就会长得快一些。

有的学者通过用插枝的方法让植物成活，可是有许多植物甚至完全不会生根，或者插枝以后根本就很难得以存活。为了解决这个难题，于是学者们找到了"活命泉"（一种神奇泉水）——实验室中所得到的特种"生长料"溶液，把它用在柳树和杨树的插枝上就可达到让它成活目的，于是用柳树与杨树的插枝来种植的话也会让植物生长得很快。把这些树枝插入土中之前，都要经过"生长料"的处理，这样，植物就会更好地生长起来，并长出许多树叶。

橡树子在生长的时候，会长出一条很长的根，像一根杆子深入地中，想要橡树长得好，长得快，仅仅只是往深处长是远远不够的，还得让它的根向四面八方发展，只有这样，才能保证橡树在生长时能吸收到更多的养分。如果橡树根一味地向深处长的话，这就是生物学家口中所说的"顶端优势"，为了防止出现这样的情况，人们要用很锋利的铲子把底下的根铲掉一截，然后就不必担心橡树的根会仅仅向下发展了。

另外，想要它长得快、长得好，除了用一些手术和医药措施外，还必须在土壤中给它加入充分的养料——肥料。同时，一定的水分也是不可缺少的，如果长时间不下雨的话，还要及时为小树施行喷水。

成年后的桦树已有足够对付恶劣的自然环境的本领，即使天气再恶劣它也不怕，它们不再那么娇嫩，但是在它小的时候，情况却远不是这样，只要连续晒两天太阳，就能被太阳晒死，可以说是弱不禁风。所以在树小的时候，就要防止它们受到太阳的暴晒，为了避免太强烈的光照，应该用薄板或者芦苇把它遮起来，为它们创建一个好的遮阴环境。

一些害虫和动物，如甲虫、田鼠、羊、牛等都是小树成长期间所遭遇到的最可怕的敌人。桦树在还小的时候，它们的叶子是山羊很好的食物，会被山羊吃掉，这样一来，它没有办法生长，而如果要不让桦树被山羊吃掉，就必须为桦树设个栅栏，阻挡山羊来到树的跟前，但田鼠和甲虫，用栅栏是拦阻不住的。但人类毕竟是聪明的，总是能想出应对它们的办法的，比如用毒饵来毒杀田鼠；在苗圃周围掘一条小沟，在沟里放些水；沟底还要掘些井，沟的坝也要弄得很陡，这样甲虫就难以达到小树的旁边，更不要说去吃小树的根了。所以小树在生长的时候，有了这些防护，就再也不怕任何袭击和灾难了。

培养小树是一件很复杂也很艰难的事情，学生和农民一起参加了这项工作。在发现了一件新的问题时，他们就会进行辩论，经过辩论来统一思想，再找出新的办法继续培育树苗。

移树苗的时候，用一种特别的铲子把它挖起来，这样做的目的是防止树木的根系在移动时受到损伤。挖出来后，也不是万事大吉，而是要仔细检查一下它们是否得了传染病。再按照它们树身的长度或树根的大小进行分类。最后，把它们打结成捆状，用汽车、轮船或火车把它们运到它们应该去的地方。

机器化的时代

在树苗还在运输途中的时候，人们就开始计算种植树木需要多少土地，还要检查植树造林的前期工作是否都已经做好。虽然我们知道树木的种植都应该在春天，但是种子的准备工作一定要在前一年的秋天之前就要全部完成，耕地需要反复地进行深耕。

人们在沙丘上，在峡谷和山谷上，在任何可以种植的地方，都种上了树苗，而这么大的工作量，单纯地依靠人力是无法完成，必须借助机器来做这项艰苦的工作。种树的机器也是各式各样的，有可以在果园里作业的拖拉机，有可以在森林翻耕的翻耕机。另外，还有用来挖掘池塘和筑堤的开路机和挖泥机及去除野草的除草机。这些机器一起上阵，各司其职，就能在规定的时间内完成种树前的一系列准备工作了。

最先用到的是开路机，在开路机没有开过之前，所要经过的途中到处都是荒地，相当难走。当开路机开过去之后，开出一条可以通行的道路。而所有的这些都是国家为了培植森林带，免费送给农民的。为了能更好地做好森林养护工作，政府还特地设置了护林站。每一个站都能帮助到几十甚至几百处的集体农场。森林和农场的距离非常远，有的距离农场的中心场所至少有80~100千米。这个时候，电话就变得很重要了，工作队经常用无线电话相互联系，就像人们航行在大海当中一样。

人们接收到指令后，立即开着机器缓缓地出动了，而最后出动的机器，就是播种机了，它要在已耕好的地上种树了。农场的小孩子都是很少见到这样种树，他们好奇地看着这些机器。种树机的设备相当庞大，在它的后面还拖着一整列车——七部植树机，每一部的机器上都会站着两个植树的人。机器首先用一个大铁铲打一个洞，然后有人把这些树苗放进刚刚打好的洞里面。这是种植过程当中唯一由人来完成的手工活，机器还要发挥剩下的作用，用土埋好了苗根，再用辗子压实泥土，最后用小耙子把土弄平。七行小树就在机器和人的安排下种好了。机器干起活来就是快，不到一个小时，在这片空地上，就会突然冒出了一排排的树木。

但是在斜陡的坡地上，在峡谷和山谷中，机器是无法顺利操作的，那么就需要人工来种植了。每一行分配两个种树的人，他们相互合作着，一个人拿着铲子等工具，另一个拿着装满树苗的篮子。拿着铲子的人先在土地上挖个小洞，然后第二个人就从篮子里取出一棵树苗，用手把苗根弄直，然后再放进小洞里面去，接着第一个人就用土把小洞填平，并用脚把土踩实。

▲ 机器植树

苗圃中的小树苗被移植到了草原上，它们可以去勇敢地抵抗干热风的袭击了，树终于种好了，工作也终于完成了。学生们要坐着大汽车集体回家去了，他们对这片小树苗单独地在这草原上还是放不下心，于是农民们就会在这些小树还没有长好以前，经常过来照顾它们，因为野草会妨碍它们的生长。

因为在种植小树苗的过程中，土壤的表面用机器的辗子或是由人用脚来压实，这就使水和空气很难达到树苗的根部。在以前发生过这样的情况，看着树木在种植时还好好的，但没过多久，就出现了树木死亡的现象。所以，后来人们为了提高植树的成活率，经常要用锄头来松土，然后再给它浇水施肥，让树木能够健康茁壮地成长。

树苗的敌人有野草、速生草及其他的杂草，它们会和树苗竞争土壤里有限的养分，吸收掉本该是树苗的水分，并且还会遮住它的阳光。所以必须要想出很多的办法来把这些敌人去掉，以保证小树的成长。而且这项工作还要经常做，尤其是在第一年，在树还很小的时候，就要把这些妨碍树苗生长的杂草去掉，才能保证树苗长势良好。

农民除了保护森林以外，还有很多的事情要去做，但靠农民自己的力量是无法完成的，这就需要护林站的帮助了。大批的割草机整装待发，它们在两行树之间经过，就很快地把这些杂草给割去了。而剩下不多的杂草，只需要人们用锄头和手来拔掉就可以轻松地完成了。

在刚开始的时候，因为没有工具，所以要花费很多工夫来种橡树子。但是现在这方面已有了很大的改善，可以依靠机器来帮忙了，减轻播种人员的工作量。有了这些用科技的手段种植的植被后，护林的主要力量就是依靠大自然自己的力量了，而照顾森林所需要的人力就相对减少了许多。

现在我们国家已经发明了一种播种机，它可以自己来播种那些已拌好肥料的橡树子，并为此掩上土。当然，这种播种机的功能不是单一的，除了播种树种外，它还可以播种小麦或其他能保护小树不受野草侵害的农作物的种子，工作效率非常高。一个工人用这部机器进行操作，至少可以顶上过去 30 个人的手工操作。使用这些机器，不但提高了工作的效率，还提高了树苗的成活率。

心态决定成败

在植树的过程中，我们不但需要种子、树苗，更需要一颗对植树造林的热爱之心。因为有了兴趣，才会发自内心地去做这件事情，才愿意花大量的时间来照顾刚刚长出了两片叶子的小橡树。而如果没有兴趣，只是以单纯地完成任务的心态去做这件事，势必对树苗缺乏关爱，不会主动解决妨碍树苗成长的不利因素。

在实验区的每一个工作人员，他们不但有一颗对于树木执著的心，而且还会在照顾树苗成长的过程中和旱灾做斗争。在这里我要说两个故事，第一个故事主人公的名字叫作狄新科，他是一个看上去很普通的农场工人，在集体的农场工作了将近 40 年光景，他在农场内工作时，总是主动地去栽种树木，并防止树木受到灾害的影响。他每天都会写工作日记。他的工作日记上面记载着他对自然界观察的心得和多年来的劳动经验。如今，他的这些经验都成了培育树苗和栽种树木的有用建议。

他在日记中写道："要重视修筑蓄水池，因为这样做可以有效控制地下水位，由于人们在草原上不断挖井，使草原的水位降低了。"老人在伏尔加河流域居住了 40 年时间，而在这 40 年期间，有十年的时间是完全没有收成的。这对于森林产业来说，是一种巨大的浪费。老人知道，想要战胜旱灾保护田地，首先要做的就是要想办法制服住干热风。而要想制服住干热风，就得建立起一条长长的森林带，所以他在农场中植林已经将近有 20 年了。在最初的时候，有很多人看他如此忙碌，都在讥笑他，认为他是一个不可理喻的怪物。而现在，森林已有 34 公顷的面积，农民们对这个"林学家"早已另眼相看了，可以说是佩服得不得了。

他的工作日记中还记载："在森林带间耕种春麦是非常划算的，产量非常高，是在敞地种春麦收成的两倍；而在森林带间耕种的玉米，要比敞地种植的多一倍半。"为了能让树木长得更好，现在这位老人还要继续和旱灾斗争，因为他知道自然界是不可战胜的，而是可以被"制服的"。他现在更喜欢畅想未来，他会对每个人讲解他的计划和梦想，而且他的梦想也在一步步地变为现实。

下面我要介绍另一位执著的寻梦人，他是农民园林家罗斯大莫夫。一直以来，他都希望能通过自己的努力改造周围的一切，但是这件事想起来很容易，要干起来却难。在许多年前，他就开始种植茶树，但夏季连续的干热风使得他种植的茶树都被吹死了。为了保护茶树，他就开始为茶树寻找保护伞，经过仔细地研究，他在茶园的周围种上了几排高大的柏树。这些高大的树木为他的茶树提供了很好的保护伞，在第二年的时候他的茶叶获得了大丰收。

为了取得更好的经济效益，他在荒地上种植果树，而为了对果树进行保护，同样他在果树的旁边种上了别的树木，这样的种植方法让果树同样获得了成功。现在农场的树木已经有几万棵，品种更是多达几十种，而且他还成了远近闻名的种树大王。他的成就是因为他的勤奋和仔细观察，还有对植树的执著和热爱。

如果翻阅一下共和国其他省区的报纸，或在全国各地周游一下，这样的农民随处可见，数量是很多的。他们在工作中，把好的劳动经验与科学知识结合起来，用有经验人士的智慧指导自己的工作，使自己收获到更多的劳动成果。老人们是如此，那年轻人该如何呢？

农业学院和林学院的学生们，也就是我们这个伟大国家未来的农学家和林学家，也都在国家森林带上工作。

威廉姆斯院士和他的儿子及学生，已经在访问过夏伯阳城——符拉基米罗夫克的森林带线路。在日记当中，他为我们生动地讲述了威廉姆斯学院的学生们是如何在草原中工作的，并实现他们在当时所希望的事情。

集体农场的青年也不甘落后，儿童们都在帮助大人，少先队员收集树种，并且做好人工鸟巢。在早春时期，小孩子们比白嘴鸟还先爬上了树，他们这样做并不是玩耍，而是把做好的人工鸟巢挂在树上。

如今，为了让苏联全国更多的地方都能有森林覆盖，全国人民全部都加入了这个伟大的改造计划当中，连杂志社也都在出版《森林》专号，诗人也在写歌颂森林的诗篇。在以前，造林只是林学家份内的事情，而现在，造林成了全国人民的事情了。相信在不久的将来，我们的祖国处处都是茂密的森林。

第 09 章

·大自然，一切都在改变·

　　人们现在想要的战争是一种控制自然力的战争，是一种为了争取后代幸福的战争，是为了建立美好将来的战争。我们希望这个世界上再也不要有战争了，但是为了保护我们人类的家园，我们会主动地参与人类与自然的战争，比如战胜干旱、风暴、地震、水灾。

谁是破坏者

在这个世界上有两种自然界，而且看起来都是美丽的，没有任何争议的。这两种自然界分别是：人类还没有改造过的自然界，就是原汁原味的自然界；还有一种是人类改造过的自然界，但是改造的过程是按照计划和目标来进行的，所以也算是合理的。

所以大自然呈现给我们的是两种景色，一方面是大自然原汁原味的景象，这种景象有的时候看起来是很神奇的，另一方面是人们改造过的为人类服务的沟渠、河流。

这种原汁原味自然界的景象，在人们看起来就像还没有驯服的狮子，它是狂野的、怪癖的、而且不受任何约束力，它对人类是构成危害的。

经过人类改造过的自然界就和第一种自然界的景象完全不一样了，它是人类思想表达的外在表现，自然界的每一次改造，都渗透了人类的想象力和创造力，就连在河里的石头都有可能被人类所利用。人类改造的每一个细节都经过了人类精心的计划和打算，所以有的时候人类感觉自己很伟大。

伟大的文学家高尔基也有这样的思想，他也说过人类有两种自然界，但是他说的这两种表现，和我们上面表达的两种自然界有一处是不一样的。相同的一种都是夸赞人类是如何把自然界变成对自己有利的工具，另一种就是人类在改造自然的同时，也在破坏着自然界，而且手段是非常残忍的。

被人类破坏了的自然界，很能引起人们的共鸣，就连美国的小学生都知道，因为在他们的教课书当中有这样一句话："我们每年所砍伐的树木，比我们每年所种植的树木多3倍。这样我们损失的不仅仅是森林，还破坏了水利，甚至还会把肥沃的土地变成荒地。"可是即使这种知识已经普及给了小学生，可是美国有一些唯利是图的商人还是不能停下破坏大自然的步伐，他们仍旧乱砍滥伐树木。

美国人的疯狂就像是一个不能拯救的疯子一样，他们首先是把东北部的树木砍伐光了，然后又大举进军中部，中部砍光的时候又进军南部，南部砍光之后又进军到西部，就这样他们把松树林、阔叶森林，全部的有植被的森林都砍光之后，就只能进攻到太平洋了，但是他们也很清楚太平洋根本就不可能长出树木来。

也许有的人会说，这是人类向前发展、走向科技的必经之路。但是这也仅仅是表象而已，在茂密的森林里除了有鸟兽之外，现在还新增加了锯木厂，锯木厂的周围就有人类和村庄的存在，当森林被锯光的时候，村庄也不复存在了，人们也会迁移到别的地方。这里所有的东西都变得冷冷清清，除非有几只鸟在树桩上休息，这个时候锯木厂也只能迁移到别的森林，这看起来好像"文明的传播"，可实际上却造成了5.4亿公顷的森林一点一点地消失了。

除了森林受到了不公正的待遇，就连土地也难逃魔掌，当田地里只能种粮食或者棉花的时候，不仅会造成粮食和棉花价格的飞涨，而且土地从此丝毫防范能力都没有了，只能受尽风和水的侵袭。

这个时候，风和水就可以肆意地来侵犯森林了，土壤表层不断地被吹走。据科学家研究表明，每年流进大海里面的土壤能达到30亿吨，这些都是水的"功劳"，与水的破坏比起来，风一点也不逊色，1934年的那场黑色风暴，居然把100节万列车重量的土吹进了大洋里，总量为3亿吨。

一位来自内布拉斯加州的一个老人当时看见那场黑色风暴时竟然是岿然不动，这让很多慌忙躲避的人们很是诧异，于是有人说："起了这么大的风暴，您还坐在这里干什么？"这位老人回答："我正在计数从这里飞过去的堪隆斯的良田。"这就是司徒其兹，美国经济学者司徒其兹在他的《富国与穷国》一书中描写到的画面。

看着这个故事，心里感觉很是心酸，祖祖辈辈都在利用的土壤就被风给吹走了，这个时候一些人很少考虑现在对未来的影响，更不要说保护森林，造福子孙了。"我宁愿现在有钱，也不愿意以后有钱"，更不要在他们的面前提他们的子孙，因为这和他们没有任何关系，在他们的心里当前的利益是第一位的。

就是这样不懂得造福子孙后代的疯狂式侵占，结果就发生了悲剧。1939年，美国联邦地政局发表在《土壤与人》中有这样的一组数据：4.5亿公顷的土地被风和水破坏，被尘沙掩盖。但可笑的是他们仍旧没有认识到自己的错误，居然要把这么大的罪行推在了农民使用的工具上，他们认为，是使用犁让土壤变成现在这个样子的，所以资本家居然要让农民不使用任何的工具耕作，对于这种愚蠢的决定，居然还有人反复地提倡。

福克纳出版的《人民的愚蠢》当中，持这种提出的尤为突出，认为犁就是土地的破坏工具。当然仅仅凭着这些，不能够确定美国政府不能制定出合理解决土地破坏的方案。所以美国联邦地政局让一个懂得自然规律和土地私有制的人，制定了保护农田的方案。

在美国的计划中，只是制定出了保护自己的农田，却没有设计到要保护所有人的农田，甚至是整个森林带，这和我们国家在防风防沙的计划中相比，他们做得很不到位。苏联不仅仅有防风林，还有成千的森林带，所以美国的计划，就显得格外的肤浅。当然，美国的农民朋友们认识到了这样的问题，就是谁也不愿意带头去做，只是保护自己的，因为他们也知道这是没有用的。

美国人的荒谬大概就是这样吧，他们还没有一个好的经验，也没有成功的先例，所以只能让大自然无限地侵蚀着自己的土壤。

"美国在很长的一段时间里，都认为天然的财富是无穷无尽的。但是山穷水尽的时候终于来到了，美国人就好像是一个坐吃山空的懒汉，终于看见自己的财富快要没有了。"这是司徒其兹的原话。

有这样一位美国人，叫福格特，他把自己的国家看得太伟大了，甚至说，"如果英国不能多供养5千万人，那么就会看到伦敦的饥饿了。其他国家的情形更坏，人民的数量在不断增加，可是土地却仍然是那些土地。"他真的把自己当成是一个土地救世主了。

从这里我们可以发现，美国的斯克鲁吉还是没有半点的醒悟，但是老斯克鲁吉终于认识到了自己的错误。

福格特仍然不知悔改地讲述着他的言论，并且出版了一本名叫《得救之路》的书，他认为土地虽然被破坏了，但是仍然能想出其他的办法。但是这样的观点肯定是错误的，因为土地是有限的，不可能还有另外的道路，所以只能合理利用土地。和他有同样观点的是一位叫马尔塞夫的神父，他也经常会为土地做很多的猜想，如果是在地上养羊，结果会怎样，结果土地只能越来越少，而狼却被看成是一种可怕的动物了。所以就会有饥饿、杀害和战争了，但是如果没有这些，人类在越来越多的情况下，也很难养活自己了。

很可笑的是，马尔萨斯居然还在为他这种可笑的理论做辩解，但是事实上已经没有任何辩解的能力了，人类要想改变这个世界，首先应该改变自己错误的想法。所以说，改变自己的命运成了现在的主要课题。

相比较马尔萨斯可笑的观点来说，马克思的观点更容易让人接受，马克思在 1844 年说过这样的话："土地没有力量供养人们的说法是荒谬的。"他的主要意思是说，土地的面积和人口虽然是一个因素，但是最本质的问题还是人类的活动。如果是人类想要解决的问题，就没有解决不了的难题，人类要相信科学，相信技术。的确，在社会主义国家中，科学起了关键的作用，它给人们提供一条如何改变土壤的方法。我们国家一直信奉的是，人类依靠自己的能力和科学的手段改造大自然，这就是我们国家为什么人口增长率高，而死亡率降低的原因了。

福格特是美国保护自然界联合会的会长，但是他为什么还要发表错误的言论，就是因为他们太贪婪了，他比任何一个人都知道，他们国家的土地资源是怎么受到破坏的，更知道他们是怎么浪费的。但他没有正确的思维模式，因为他正在算计着怎么去夺取别人的土地和资源。于是他想着，不能再严重浪费自己国家的资源了，这个地球这么大，资源和土地到处都是，可以向别处去侵占。所以每当他想去侵占的时候，战争就一定会爆发。资源是有限的，你夺取了别人的东西，人家就没有了，所以他的得救之路就是侵占和掠夺。他甚至还迷惑国人说，侵占别人是正确的行为，所以这个时候，矿产、石油等统统被他们占为己有。

这样带有明显侵略性的战争对于福格特来说当然是有利的，然而这些人也很想把自己伪装一下，他们说自己是外科医生，而不是屠夫或者是刽子手，但是人民的眼睛是雪亮的，他们能够分清楚什么是外科医生，什么是屠夫。

当然，福格特的这种观点也仅仅是一个观点，他不可能把美国人带进残酷的战争当中，美国人在土地被破坏的时候，整理这些土地也是他们能做的事情之一。

现在，全世界都在提倡"要和平反对战争"。苏联人对这件事情做了一个总结："人们现在想要的战争是一种控制自然力的战争；是一种为了争取后代幸福的战争；是为了建立美好将来的战争。"

我们希望这个世界上再也不要有战争了，但是为了保护我们人类的家园，我们会主动地参与人类与自然的战争，比如战胜干旱、风暴、地震、水灾。

与干热风的"激烈战斗"

在苏联的大地上，经过十几年的植树造林，森林的屏障已经完全树立了起来，树与树的树冠已经全部连拢了，几乎连阳光都照射不到地面。就在这个时候，农民的老敌人——干热风，又像往常一样开始进行侵犯了，它妄想按照以前那样，可以到处肆意地扫荡，摧毁它所达到的一切。

干热风的破坏力是巨大的，它把滚烫的沙子吹到了小山上面，山上所生长的青草和矮树被风吹得东倒西歪，但是当风遇到一道道的森林的时候，风只能降低自己的速度了，但是遇到有来自沙漠的气流，风速就会加快，在空旷的大地上任意肆虐。风遇到第一道屏障后，风的方向就会被彻底打乱了，风想要穿过这道树林组成的屏障，就只能在树与树之间寻找空隙，然后慢慢地一点点地向里面渗透。因为在这里，每根树枝都会成为风的对手，它们联合起来坚决地抵抗敌人；每个树身都在用自己的力量去顽强地抵抗敌人一次次的进犯。大橡树缓缓地摇动着自己的树枝；桦树的细枝则发疯似的拼命摆动。就连松树也向各个方面摆来摆去。每一种树都有属于自己的独特的声音：桦树的声音是洪亮的，橡树的声音低而悠长，松树的声音是"呼呼"的呼啸声。这些声音混合起来，就成了巨大的战斗号角，向侵略的敌人发出毫不妥协的怒吼。

但是由于风的温度比较高，一些树的叶子在经历了几次抵抗之后就开始变得无精打采，变得卷曲起来，但是树还没有放弃，还在坚持抵抗，在和热风的战斗中，树木还能锻炼自己，当树叶和热气进行搏斗的时候，树叶会蒸发出水分，就像人们在流汗一样，这样不仅不会使树木死亡，还会缓和热气，削弱热风对大自然的破坏。这样下来，那些穿过了森林中心的气流，就不会那么干热了，破坏力也就减弱了。

热干气流没有以前那么嚣张了，因为在和树木的搏斗中，它已经被树干和树枝伤了元气，大势已去，最后成为一盘散沙，但这还远远算不上最后的胜利，更大的考验还在后面。穿过第一道防线的气流虽然看起来弱了，但是它却是在保持体力。随时准备着，一有机会就想要从溃散中恢复过来。离开森林带较远的地方风速经过缓冲，又会加快速度，如果任其发展，又会形成发狂的风暴，重新掀起更大的破坏。但是人们早就做好了防御准备，后面还有好几道的防御线等待着风的到来。这一切，都要归功于在大地上坚持植树造林的人们。

气流在每一次战斗之后，气势都会被削减几分，到后来会变得越来越没有气力，气息也越来越弱。它已经回不到从前的那个样子了，而且到最后它会向人彻底屈服的：变得沉静了，潮湿了，也冷了，再也不会威胁到那绿色防线后面的田地了。人和热风的抗战，终于以人的完胜而告终。而这一切，都是森林的功劳。

如何才能将 水 征服

人们不但可以征服风，还能征服另一种大自然的灾害，那就是水。可能人们在脑海里对水的力量并不是很清楚，这是因为平时大家见到的都是温柔的水，但当雨水变为洪水的时候，水就变得非常暴虐和可怕，没有什么人可以阻挡它。

水有两种存在的方式，一个是液体的，一个是固体的，就是雪或者冰。如果要征服水，就应该在它还是固态的时候去控制它，因为固态的好控制。森林带不仅可以抵御干热风，还可以抵御冬季的季候风，这样雪就不会被风吹得到处都是，在森林边上，你往往会看到一些很大的雪堆，有些人会感到好奇，这里没有下过雪，怎么会有雪堆呢？其实，这就是森林带从掠夺者手中夺下来，而留在这里的。

等到春天来临的时候，地上的雪在阳光的照射下，慢慢地被融化了，但是因为有森林存在的缘故，融化的雪水就不会四处流淌，而是全都被森林的根系给吸附到土壤里面去了，因为森林把田地都分成了一块块的小格子，所以在田地里面风的力量也没有多大了，使得雪无法被搬运走，雪基本上还在地上覆盖着。如果没有森林所起的防护作用，那雪水融化以后就会在地面上形成小河，最后慢慢地汇聚成大河，土壤就会被水流冲洗掉，那样就有可能形成山洪，由此可见森林存在的重要性了。

雪被融化的过程远不是人们想象的那么简单，雪水会被树脚下的落叶吸收掉一部分水分，还有一部分的水分会在地表上面溜走，其余的就全部都渗透到土壤当中了，地表上的积水就会慢慢地顺势流到一个地势比较低的地方，最后在那里的洼地形成了一滩积水。

山里面的水所依靠的只有树木，而树木不是万能的，是不能完全蓄住它们的，这需要人工修建的堤坝来阻挡水流在地面横冲直撞，依靠水坝的力量把水慢慢地积攒在一起，然后再利用这些水来灌溉下面的田地。这个时候的森林主要作用是保护堤坝，使堤坝变得更加牢固。有了森林和堤坝对土地的保护，土地就不会那么干枯了。如果想要把水储存起来，还是要靠土壤的作用，森林不但可以使水的流速降低，还能阻挡风的袭击，风的速度慢慢地降低了下来，而土壤就会有水的滋养，干涸的速度就会比较缓慢。

有了水植物才能更好地生长，水对于植物来说并，是不可缺少的，水是植物的运输工具，水可以把从土壤中得到的养分、从叶子中得到的二氧化碳分别运送给植物的各个部分。要想让植物不停地工作，就需要不停地给植物提供水分，水分被运送到叶子上面，然后从叶子上被蒸发出去，这是一个不可缺少的循环作用。根据植物的特点，人们也制定了对植物的相应管理方法。

当天气干旱的时候，植物就会自发地进行调节，合理地节省水资源了，那么，该如何做到这一步呢？显然只有依靠森林了，风速的降低，使得水分的蒸发速度变缓，因此森林的存在为田地提供了一个潮湿的环境。所有的这一切，都有利于保持植物的水分，促使植物的生长。

胜利的轮廓

学者们经过几十年的研究，总结出了许多与干热风、峡谷、流沙、黑色风暴作斗争的方法，这不仅仅是这些辛勤学者们的功劳，也和千百万农民的辛勤劳动分不开的，农民们在实践中使用学者的科研计划，而科研工作者从农民的实践经验中改进自己的科研。在这个地方，他们共同学习，互相学习，因此才有了现在的可喜成果。

今天，农场终于实现了人们幻想中的机械化生产，实验室里有很多科学家的测量设备，在农场的外面排放着大批的机械，这些都在为农场生产提供着服务。学者们测量出森林带之间空气的湿度以及风力的速度，然后进行对比，找出前后相差的数据是多少。他们用工具把风影画成各式各样的圆，风影也会随着森林带的构造不同而不同。

当自然界出现一点小小变化的时候，观察者是可以很快地捕捉到的，他们有一种独特的眼光，因为他们能看到别人所看不到的东西。通过科学和劳动经验能够给人描绘出未来对自然的战斗情况。通过这些结果，我们可以知道我们所在的环境是怎样的。

人们可以通过计算而算出一个森林带所增加的收成到底有多少。这种仪器很普通，就是一个秤，一个普普通通的、每个人都见过的秤，所有农场都是用它来称量整袋粮食或是整车粮食的重量。有人或许会问，这种仪器能说明一个什么问题呢？它充分说明了有森林带保护的草原与没有森林带保护的草原相比，小麦的收成多了1.5~2倍的原因。如果在最干旱的地方，有森林带保护的话，小麦的收入就会增加到2倍甚至是3倍的收成。

森林带不仅在干旱年代，就是在雨水充足的年份中，也可以帮助农民增加粮食的收成。当然在没有干热风，或是土壤中有充足水分的情况下，田地是不怎么需要森林来进行特殊保护的。农作物在生长的过程中，需要面对很多灾害，而森林带还可以保护粮食不至于被冻坏，不至于被吹倒，谷粒也不至于被吹落。所以，森林的作用是非常重要的。

如果把所增加的粮食和面积换算到全国面积上去，每年国家依靠森林的保护而增产的数量是十分可观的，所以说我们完全可以从自己的土地中，从森林的保护中得到一年比一年日益增多的粮食。

那些改造好了的草原，并不只是种植粮食。在有森林带的地方，还会进行多种作物的生产，如杏子、樱桃，李子等果实。如今，在干旱的草原集体农场中，因为有了森林的庇护，杏子已不是什么稀罕水果了，夏天杏子成熟的时候可以尽情地吃，吃不完的还可以制成杏脯在冬季吃。随着森林带的保护草原上长起了以前所从未见过的菌菇，极大地丰富了当地人的食物。另外，森林还给草原带来另一种神奇的礼物，漂亮的丝织物。因为在南部的森林带，当地的农民已经种植了许许多多的桑树，人们用桑叶来养蚕，然后发展丝织业。

一切都在改变

现在的草原和以前完全不同了，以前的草原非常空旷，几乎都见不到人烟，而现在的草原，到处是一片生机盎然的样子。一排排整齐的田地，被整理得像战士列队一样，森林里的各类树木也修正得整整齐齐，就连青草也看上去是那么的精神。人们为了自己的出行方便，还在这里修筑了铁道。火车拉近了人们之间的距离，不但方便了人与人之间的交往，还可以通过火车把草原生产所需要的机械运过来，农民有了这些机器，仿佛可以征服整个世界。

透过车窗可以看到草原上郁郁葱葱的田地，眺望远处还可以看到远处黑色的森林带，森林被风轻轻一吹，看上去真是威风凛凛，所有的这一切成果，都是靠人们的智慧和双手才取得的。这个短暂的印象，或许会让你联想到，在不久的将来，这项改造草原的巨大工程就会圆满完成了。苏联的整个南部，包括从图拉到黑海，从乌拉尔到德涅斯特罗，都是要进行这样改造的。在以前，地理教科书里面，都详细介绍了草原上的气候、土壤、河流、植物、动物等。如果斯大林所主持制定的改造自然的计划完成的话，那么，这些教科书上的内容也将要进行彻底修改。

通常我们都知道，草原区连接着森林区，森林区的南部就是草原区，再往南就是半沙漠地区和沙漠地区了。但现在因为人类的辛勤劳动，出现了一个新的地区，那是苏联人创造的人造森林地区。

在不久之前，还有些学者认为，人类依靠自己的力量是不能改变气候的。但事实是，人们不仅改造了脚下的土地，而且还要改造头上的空气。只要改造了土地，就会让风的速度减低，那么空气也就会因此而变得潮湿起来。如果所有草原带和森林草原带的无数小方格内的局部气候都被改变了，那整个边区的气候不也就改变了吗？这不等于说改变了教科书上的传统描述了吗？

从北方来的寒流带来了明朗、寒冷的天气，经过被阳光所照射的大地时，这些寒冷的空气就改变了性情，很快就会温暖起来。大地把从太阳所吸收的热量，传递给离地面很近的大气层，离地面很近的大气层在吸收了热力之后，传递给更高的大气层。当然，这种速度是非常缓慢的，一般我们不能直接察觉到的。不过在有风的时候，热力传递的速度要稍微快一些，而森林在很大的程度上阻滞了风的速度，让热力传递的速度依然保持缓慢的速度。

那些从海洋流动过来的大气，就将带来的水分从地上分放出来。这些水分先流到了河流里面，再从河里再次回到海洋中去，完成了一次大气水分循环。森林带和田地里的土壤会含养住水分。再加上水分的蒸发，又会再变成雨落下来。所以这样，田地就会获得补充的水分。因此，可以这样说，当我们在改造了大地的表层以后，不仅改变了气流的本质，还改变了水分的循环，使得森林周围的土地所获得的水分不会减少太多。而有了水分，就会满足这个地区农作物的生长需要。

所以，我们能使田地不再遭受干热风的迫害，不再使冷风蹂躏那些果树的花。现在，我们可以大胆地说，对于如何控制气候，我们也已经学会了。一旦气候改变了，一年中的季节也就会因此而改变。春季会根据我们的需要而延长一些，雪也会融化得慢一些；冬季不再像以往那样寒冷了，大风雪的怒吼会比以前小一些，平静些，人的生活和工作也更加舒适了。似乎一切都在改造之中，那么人类本身呢？难道还会是老样子吗？不，人类在改造自然的同时，也在改造着自己本身，而这种改造是更重要的改造！

第10章

·向沙漠发起猛烈的进攻·

困难像弹簧，你弱它就强。人们在忍无可忍后，终于开始有组织地向流沙进攻了。人们建起高高的围墙，企图把流沙挡在外面，可是流沙却越堆越高，妄图翻过围墙，人们就马上把围墙再次加高，而沙丘也随之增高，当城墙的一侧出现一个裂缝后，流沙马上就由高而下冲了下来。这样的方法不能让流沙彻底地放弃对人们的攻击。

雨水与沙漠无缘

改造草原是一件很艰难的工程，但和改造沙漠比起来，就不值一提了。沙漠的宽广和干旱，让人想起来就会感到恐怖。但沙漠也不完全是没有人烟，在一个叫喀拉·库姆的地方，虽然是沙漠，却有人和牲畜在生活，即使绿色植物十分稀少，但还是能看见的。

生活在那里的人会告诉你，在沙漠下面，有着很丰富的水，只不过这里没有土壤和植物，无法涵养水分而已，水被保存在沙子的下面。在沙漠里水是宝贵的，这里的人们都非常珍惜每一滴水。

通常，沙漠里的天气干燥而炎热，在夏季的时候常常有雷雨天气，但大多是干打雷不下雨，这是因为这里空气中的水分含量是非常低的，多数雨点还没有落到地上就被蒸发了，而落在地上的雨水也瞬间被沙子吸收了。所以这里的河流就没水了，只剩下一望无际的沙子，只有当春天来临的时候，才会有一小股的水流出现，但没过多久也会消失在沙海里。

沙漠里几乎看不见植物，就算有植物，它的叶子也是非常小，或者没有叶子，这是经过千百年的自然进化的结果。树木为了生存，就只能不长叶子，防止宝贵的水分被蒸发。所以，在沙漠里看到的树木，都只能光秃秃地站立在哪里，这样的树木已经适应了环境，如果给它提供水源的话，反而是致命的，因为水分被吸收了，却没有叶子来蒸发水分，这样就会造成水中毒，这对它来说是很严重的，慢慢的它体内的矿物质就会流失，然后植物就会死去。

沙漠里的植物为了生存把叶子进化掉了，就连动物也和别的地方的动物有很大的不同。我们常见的鱼，在水里面是用鳃呼吸的，但是沙漠里的鱼，在干旱的时候会用肺来呼吸。沙漠之舟骆驼，在它的背上长了两个硕大的驼峰，它们能将贮存的脂肪转化成水和碳水化合物，当骆驼渴了的时候，就可以自己给自己提供水源。而且它的脚掌是异常的宽大，这样就可以让它不陷入沙子里面，使它可以在沙漠里自由驰骋。

在自然界中，任何事情都存在着相互的联系。只要稍微改变一下，其他的也会出现相应的改变，这种情况，在沙漠中尤为明显。由于沙漠里缺乏水，所以让整个沙漠里的动植物和别的地方都不一样，那里人们的生活方式也和别的地方有很大的不同。

"沙漠居民"的生活

在沙漠里居住的人，我们称他们为沙漠居民，当春天的时候，沙漠里会长出少量的苔藓草和苔藓类的菌类，沙漠居民在这个时候，就会忙碌起来，忙着驱赶自己的牲畜，到有草的地方去放养，因为草类不但可以给牲畜提供水分，而且还能提供饲料，这样人就可以在牲畜那里得到奶汁，丰富自己的食粮。夏天的时候，草立刻都枯萎了，为了寻找水源，人们只能赶着牲畜到离水源近的地方放养。所以，沙漠居民一年四季很少会休息，总是在不停地进行着寻找水、草的生活，在沙漠里顽强地生活着。

在沙漠的边缘是黏土的荒原，在那里可以找到水源，人们只要在地上挖一个洞，就可以让水慢慢地流到洞里面，然后再把洞里面的水弄到水桶里面，这样人们就可以得到水了。夏天的时候，荒原干涸了，但是人们可以从之前挖的洞里面继续获得水源，为了获得水，人们就在洞的附近搭起了帐篷，至少人们可以在这里待到冬天过去，等到春天来临的时候，人们才开始进入沙漠深处去寻找绿草。就这样，年复一年地等待着水源，那是漫长和辛苦的日子，但这样的重复却是无法避免的，因为沙漠缺水。

沙漠居民每年都需要在沙漠和黏土荒原上进行来回迁移，他们把牲畜从

▲ 在沙漠里生活的人

南方莫蓉库姆，经过"饥饿草原"，赶到萨雷苏河边的牧场去。在快要到冬天的时候，沙漠居民又会把牲畜按着原路赶回去。而这种迁移，对放牧的草场来说也是有好处的，因为牲畜的迁徙，给了草场充足的生长时间，而牲畜也得到了所需的水源和食物。这种迁移方式，巧妙地保持了一种平衡。可以想象，如果没有这种迁移，原本就植物稀少的沙漠会变成什么样了？

夏天的时候，人们只能在有水的地方附近活动，离开了水，就无法生存。这里的人们往往都是受到自然的支配，人们被自然赶得到处乱跑，大自然一会把河流晒干，一会儿又把沙丘推到人们面前，此时，人们是没有什么反抗能力的，只能选择逃亡，因为人们的力量相对自然来说显得太渺小了。可以说，这种顺应自然的生活方式是十分被动的，人们如果逃亡稍微的晚一点，就有可能面临巨大的损失。有的时候，厚厚的积雪使羊群都吃不着地上的草；有的时候天气转暖了一下又马上变冷，使得地面上结了一层冰，牛羊想吃到草，就更加困难了。这些还不是让人惧怕的，最让游牧民惧怕的是，疾病和牲畜的口粮问题，因为在这种条件下，没有药物来治病，或者牲畜一旦断粮后，基本上只有等待死神的召唤了。所以，一遇到这种情况，沙漠居民的命运都是悲惨和无助的。

当没有绿草的时候，动物出于本能就会把一切能吃的东西都吃掉，就像蝗虫一样，而且人在这个时候也成了破坏树木的最直接的黑手，为了生存人们不得不把环境破坏得支离破碎，而等到困难过去的时候，自然的恢复期却让人们付出更加惨痛的代价。虽然人们从破坏的自然中暂时维持了自己的生存，但在未来的日子，他们的命运将会更加悲惨！

财富就在人们脚下

虽然大多数的时间沙漠看起来是非常荒凉的，但当春天来临时，沙漠再被绿草覆盖上后，看起来也是十分漂亮的，这个时候沙漠里面的绿草所含的水分也是最多的，牲畜们都不用去喝水，吃草也可以补充水分了。而当夏天来临的时候，草都变得干枯了，但是等到秋雨一滋润，又有些绿色的芽开始冒出。到了冬天，雪会把草地都覆盖起来，牲畜们要想吃到草，会把雪弄开，肆意地咀嚼上面的草料。

走在沙漠里面，好像除了黄沙以外，什么都没有，但是沙漠可以说是一个巨大的聚宝盆，它的财富就在这些一眼望不到头的茫茫沙海里面。一个地质学家就曾经说过，他和沙漠里的游牧民族生活在一起的时候，无意中在发现在沙漠里面有一种铜矿，只是这种铜矿和其他地方的黄铜矿不一样，是以绿色孔雀石的形态出现的。后来他经过大量的工作，证实了卡查赫斯坦沙漠储藏着全世界最丰富的铜矿，可以说这里的财富是相当惊人的。当然沙漠里不会只有这一种矿物质的，在苏联的沙漠里面，还储藏着石油、天然气和金属矿。而且这些只是地底下的资源，在地表上资源同样丰富，如在沙漠里有着丰富的资源——黄土土壤，这是世界上营养最丰富的土壤，它同样在我们的脚下，在看似不起眼的沙子下面。

沙漠里的财富到处都是，地下和地表都有。空中的阳光，给人的感觉是热，这是沙漠最特别的财富。沙漠的阳光每天都很充足，这为蔬菜果实的成长提供了最直接的光合作用，沙漠的太阳照射时间，比地球上任何一种地方的照射时间都长，而且热量非常充足。如果一季蔬菜的照射时间为1000个小时的话，在平原可能需要三个月的时间才能满足它的成长需要；而在沙漠里面，却只需要两个月就成熟了。人们认识到了这一点，所以在沙漠里建了很多用于种

向沙漠发起猛烈的进攻

植蔬菜、瓜果的温室，在相同的时间内，沙漠要比其他地区可以多产几季蔬菜，所以在没有增加土地的情况下，蔬菜的产量得到了大幅度的提高。这样人们就可以在温室里培育自己需要的棉花和水果等。当然了，前提是要有充足的水分，而要做到这一点，恰恰是最难的！

沙漠的干热、黄土土壤、充足的日照，为人们提供了营养丰富的牧草和世界上最好的木柴。就拿骆驼刺来说，从这个名字已经就知道，这是一种只有骆驼能吃的，而且是长满了刺的植物，而且这种植物在沙漠里到处都是。在骆驼刺的枝干下，会有一种白色的糖，而白糖在国际市场上一直都是比较紧俏的。要想让沙漠为人们服务，就必须有充分的水源，而这恰恰是沙漠所缺少的，当人们忍受炎热的时候，首先想到的就是水。水是最好的救星，水不仅仅是一种饮料，它还是一种食物，每一根黄瓜、每一棵白菜里面都含有95%的水分。可见，在自然界里，到处都离不开水，那我们在沙漠里要从哪里去弄这么多的水呢？

在中央亚细亚沙漠的南部，有一座高高的山，而在山的两边令人惊诧的是存在着两个截然不同的世界，一边常年被雪水覆盖，而另一边就是干旱少水荒芜的沙漠。人们想办法把山的一边的雪水引导到沙漠里来，但是这些宝贵的水在流经沙漠后，并没有对田地和果园进行灌溉，却流向了大海，让人们灌溉沙漠的美好愿望落空。如果人们在对河道进行合理的改造之后，使水流速度变缓，然后慢慢地流入沙漠中的干旱地带，对沙漠进行有效地灌溉，那么这个地方就会变成生机盎然的绿洲。

在沙漠里面，并不是只有河里才会有水，人们能找到水的地方很多。比如，在春天的时候人们会在黏土荒原打井，这些井就可以储存水，所以，要找到水不是什么难事，只要人们有计划，有准备地对水资源充分利用，沙漠就会在人们的劳动中慢慢地发生变化，从不毛之地变得适合人们居住。

其实沙里的水分也不是非常缺少的，而是十分充足的，只是因为没有土壤，所以水分布得比较分散，实验室里的工作人员根据这个原理，在沙丘之间的洼地区域，挖出很多的井，让水流进井里面，然后把水用抽水机引导到地面上面去灌溉树木，但是因为上面没有土壤，都是沙子，沙子是无法涵养住水分的，水很快就流失了，这样，就使树无法吸收到水分，而黏土又几乎不吸收水分，造成水又流到地下去了。工作人员发现了黏土和沙子的不同特性，想到了把黏土和沙子混合在一起的办法，这一来，二者的特性就发挥了作用，就产生了新的保持水分的土壤。

因为沙漠里温度很高，在烈日的暴晒下，有的时候水还没有来得及完全渗透到土壤里，就被太阳全部给蒸发了，人们为了更好地让树木吸收水分，在给树木浇完水后，立即在土层上面覆盖一层沙子，用沙子做保护，来阻挡烈日的暴晒。这样，经过多年的培育后，树木就会变得越来越粗壮，树冠也变得非常茂盛，原来寸草不生的地方，也开始出现了树木。人们慢慢地通过自己的力量来改造自然，让自然能适应人们的生活。

改造沙漠需要森林，这个是肯定的，但是给它们提供水源需要慎重进行考虑，除了上面所说的办法外，还有其他的方法来解决。在沙漠里，表面的沙子温度非常高，容易把人烫伤，但沙的下面是潮湿的，如果把上面的干燥沙弄下去，然后直接在下面湿润的沙子上放上腐殖土，这样土壤就有了，那植物不就可以直接种植在上面了吗？经过工作人员的实验，这种方法被认为是非常有效和可行的，后来在沙漠地区大面积推广后，所种的各种植物都顺利地成活了，科学的方法让人们得到了丰厚的回报。

既然人们可以在沙漠中找到充分的水源，那么要取得最后的丰收就只是时间的问题了。在科学面前，沙漠这个地方就不再是给人以荒凉的面貌了，它好像聚宝盆一样，无论在里面种植什么，往往得到的回报是超乎我们的想象的。这种沙漠种植法一旦成功后，马上就在各个沙漠地区推广开来，以前沙漠里人们很少见到的水果蔬菜，现在可以到处可见。

虽然沙漠给我们带来了一些利益，但是人们依然没有满足，也始终没有放弃对它的征服，人们希望世界上再也没有沙漠，只有良田。政府号召大家都来改造沙漠，让荒芜、干旱的沙漠永远地消失吧。

人与沙的"战争"

自从有了文字的记载开始，人与沙漠的战争就出现了，而且好像就没有终止过，这场战争经历的时间跨度之长，爆发范围之广，几乎涉及全球的所有国家，也几乎耗尽了多少人一生的精力。可以说，人类的发展历史，就是不断地和沙漠进行斗争的历史，也是沙退人进、人退沙进地相互征战的历史场景。

有的地方，因为地势平缓，人们只需把水引流到田地里去就可以实现灌溉的目的了，有的地方则因为地势比较高，要实现对土地灌溉的目的，就需要做一个水库来提高水位才能灌溉到田地里面，还有一些地势比较低的水源，需要通过水泵的作用，才能把水引上高处，然后再灌溉到农田里去。人们在和沙的斗争中，也是不断地学习，不断地创新，一些设备就是这个时候创造出来，并成为改造沙漠武器的。

很久以前，花剌子模周围的沙漠里还有一些灌溉的土地，但后来这里是被破坏最严重的地方。渠道两岸的小山丘、黏土高原、整个城市的围墙外、城堡的高墙上到处都是被破坏的迹象。而且这种毁坏是灾难性的，导致这些地方成为荒漠，彻底无法居住了。

人在恶劣的环境面前是无力的，只好整体离开。于是，风吹干了、沙漠掩埋了这些渠道，就连两岸的小山丘，也在风的作用下，延伸了几十千米。那些废弃的城市和城堡到现在还依然耸立在干涸的渠道两旁，黏土高原上也还有灌溉后的图案遗迹。在一些城市庭院的石板缝里也长出了很多生命力顽强的沙漠草，还有一些在沙漠里生存的动物把这些废弃的门廊当作是自己栖息的场所，像蛇、狐狸还有蜥蜴，就连乌鸦也过来凑热闹，那高高的箭楼里就是乌鸦的老巢。这些都是托尔斯泰在《古代花剌子模》中出现过。

造成这种现象的原因是什么呢？这就要问问人类自己。在这场斗争中人类是对这些环境毁坏最多的破坏者。到最后不仅破坏了自然，也毁灭了人类自己赖以生存的家园。

每一次战争都是对这个地区的环境造成的一场大破坏，尤其是这里的灌溉网。沙漠里的灌溉网往往都是十分脆弱的，而战争对这些脆弱的灌溉网的毁灭是致命的。花剌子模的灌溉网被破坏最严重的一次就是公元13世纪的蒙古人的那次进犯，因为水是生命之源，只有破坏灌溉网，才有可能从根本上打败对手。显然，蒙古人认识到了这一点，于是他们包围了城邦，然后对灌溉网进行了彻底而野蛮地破坏。最终，这场战争胜利了，蒙古人达到了自己的目的,但花剌子模国呢?就永远地消失了。

▲ 灌溉渠道

除了人类的进攻对灌溉渠道破坏之外，还有一个因素就是人类的不作为。人类如果不照料沙漠，沙土在下雨的时候，也会被泥水冲走，最后留下的就是没有植被的光秃秃的表面，然后就是沙漠化。所以，也就有了这样一句话："停止建设就是等于在破坏。"

奴隶制度的兴亡和灌溉网的前途是紧密地联系在一起的，当奴隶制度走向灭亡的时候，灌溉网也就走到了自己历史的尽头，因为管理灌溉网需要成千上万个奴隶的无偿劳动。奴隶制消灭了，奴隶也就不存在了，于是，再也不会有成千上万的奴隶努力去修理和管理灌溉网了。而当一个王朝兴起的时候，渠道又一次地苏醒了，不过是因为新一轮的战争开始了，农奴们仍然要花费很大的力气去修理那些被战争破坏的渠道。

向沙漠发起猛烈的进攻

大自然在人们不关注也不照料灌溉网的时候,它的破坏力便显现出来,并占有主导的地位,因为人们的放纵和疏于管理河道,河流里有越来越多的泥沙,这些泥沙堆积在那里,会渐渐地把河道填满,水也没有人向田地里导入,而是流入到它很容易流进的地方,河里或者海里。所以,田地因为没有水的灌溉而荒芜了,最后人也离开了,绿洲也没有了,鸟兽做起了渠道的主人,而这又会加速河渠地的荒芜和破坏。

然而这种情况,不只是在花剌子模地区才出现,像也门和印度也发生过类似的事情。

每一个经过这样地方的旅行者都忍不住要发出疑问:为什么这里出现了如此荒凉和死气沉沉的样子,当年那个繁华的地方现在又去了哪里?当然,这些问题自有历史学家会为他们解答的。

看看近代荼毒沙漠化的历史我们也能很清楚地知道,人类在这场自然的战争中无疑是始作俑者,如果结合历史的话,我们就能看得更明白一些。

在沙皇时期,人类就亲眼见证了人类对自然的残忍。当时有一个饥饿的草原,这个草原急需要水进行灌溉,而沙皇政府居然为了这么一小块地,动用了一条河的水力,并且当时的官吏们下令修建一条名叫"尼古拉一世运河",但是这条运河的作用并没有像他希望的那样维持了几年。没多久,堤堰就开始一块块地塌了下来,由于没有及时地进行清理,运河里也全被淤泥填满了,那些田地没过多久也变成了沼泽。

当时的人都很疑惑为什么会出现这样的问题?那些清醒的人们自然都知道这不是灌溉系统的问题,原因来自社会的经济系统。当时沙皇荒唐地认为,中央亚细亚是他的殖民地,而在这块土地上的人们被他视为"异族",所以没必要怜惜,而是最大限度地剥夺他们的权利,因为他们是没有资格拥有这块土地的,拥有这块土地的人,是必须有 1000 卢布资产的人。

于是悲剧就这样产生了,越是富有的人越是不需要劳动,他们出钱雇佣当地的人来干活,而土地的使用量显然不够,于是越是贫穷的人越是需要土地种植庄稼来解决温饱问题，这样对土地和农民的掠夺就无情地开始了，并一步步地走向了深渊。

富农无限制地榨取劳动者，而无辜的劳动者对这所有的一切只能逆来顺受，因为他们没有土地，也没有权势去抗衡他们的不公平。所以贫农只能向土地要粮食，为了能生存下去，他们就一味地向地里浇水，希望通过这个方法能让自己地里的庄稼可以比别人地里的庄稼长高一寸。但田地吸收水是有限度的，因为地里吸收不了这么多水，所以多余的水只能顺着沟渠，流到低洼的地方，还有那些没有来得及开垦的土地，是无法蓄住流到地里的水的，以至水分多得再也不能吸收，只能在表面形成沼泽。最终，道路变得泥泞，村庄也就没有了。

这个时候还会出现一个"羊淹坑"的现象：在1916年的时候，1000多只羊走进了这烂泥坑里，结果全都淹死在泥里。除了羊会淹死，马也面临着同样的命运，甚至还有人。有一次，一个骑兵坐在马上，一不小心恰好就掉在了泥坑里，瞬间变成了不能动的人。

还有那些升上来的地下水也起了破坏的作用，这些地下水带有盐分，蒸发后，盐分留在了表面，使土壤变咸了，土质变坏了，肥沃的土地变得如此贫瘠。而这一切，富农当然是不在意的，当一块土地不能利用后，他们马上就去沙皇那里申请新的土地，然后继续破坏，直到所有的土地不能长出庄稼。就这样，一块块的好地，慢慢地就变得贫瘠了，在这块草原上，最后到处都是无法耕种的土地，所以人们没有土地可以利用，为了活命就只能迁走。

疟蚊在这场战争当中却被保留了下来，因为这里的环境提供给了它们生存的环境，而疟蚊的存在加快了居民的迁移，以致形成了恶性循环。

"村庄里一片狼藉，而且还变成了沼泽……这里都看不到农作物。"这是农学家库尔巴托夫看到这惨淡的景象后说过的话。

这就是人类得到了教训，把好好的土地变成了沼泽地，严重影响了人们的生活。

新的作战计划

在中央亚细亚地区，人与沙漠的战争已经持续了几千年，但从来没有像现在这样，对这场人沙战争领悟得这么深刻，作战的部署是那么科学，而且都是在统一的领导下，人们做着各自的工作。大家都为了能改造沙漠，都付出自己的努力，因为大家知道在取得这场战争胜利后，人们得到的要比现在要多得多。

在沙漠里修筑的每条水渠，都好像是流向沙漠的兴奋剂，让沉睡多年的沙漠慢慢地苏醒过来，然后在水渠的两旁，全部都种上了绿色的植物，并慢慢地往四周扩散。

在沙漠和荒芜的草原上进行合理化的开发，全得到了政府的支持，人们的生活方式也随之发生了改变，农民分得渴望已久的土地。人们开始计划把之前毁掉的土地又重新利用起来，通过辛勤的劳动和规划，人们把田地分成小块，然后在利用小渠对土地进行灌溉。土壤慢慢变得肥沃起来，在大型的农业田地里面，机器成为人们的好帮手，这不但帮助人们降低了劳动程度，同时也提高了收成，现在机器的利用大都是用在兴修道路和水利上面。

以前草原的植物因为护理不当，都被太阳晒死了，人们所看到的到处都是枯黄的一片，而等到冬天来临时，雪把枯草盖到了下面，草也慢慢地融入到土壤中，肥沃的土壤就这么形成了，可惜这样土地的价值一直没有被人们认识到，一直被闲置着。

当人们开始对草原进行改造的时候，首先要做的工作是先在这一望无际的草地上开垦了很多小河，这样就可以让水灌溉到任何位置，然后在河的两岸种植上树木，慢慢地开始向四周扩散，在原来的土地上面种植上棉花，人们就会得到巨大的收获。全国的农民都到这里来学习如何进行棉花的种植，这片区域还被定为了全国棉花观摩区。到处都是一望无际的棉田。

以前，河流的走向大多都是根据地势，顺势而走，这样很多不在河流旁的土地，就无法得到灌溉，水分的不足使之变为荒地。现在人们有改变现状的能力了，人们修起堤坝，不仅用河水来发电，还把河水储存在水库当中，然后通过河道把水送到沙漠里面去。这种改变沙漠的灌溉方法，每天都在进行着。

以前的一个盆地沙漠，现在已经被完全改造得焕然一新，运河、棉田、森林随处可见。单单这一个工程就动用了大概将近20万人参与，全部工程历时半年之久，建成了一条长近300千米的大运河，这条运河的出现有效地灌溉了南部的沙漠，使之成为绿洲。

一旦人民可以主宰了土地的命运，就可以创造出很多以前很难想象的事情来。比如说通过对河流的改造，苏联人竟然制造了一个乌兹别克海。

一名地理学家给我讲过一个传说：一个东方国家的国王和花剌子模的国王打了个赌，而且赌注很大，就是阿姆河。谁赢了河流就归谁。后来，花剌子模国王赢了，阿姆河就割让给花剌子模，割让的期限为一天一夜。为了在这么短的时间内得到全部的河水，于是，花剌子模国王就下令，在阿姆河的河里筑了一道堤，河水就全部流到了花剌子模的国土上了。一天一夜就这样过去了，可是东方国家的国王却再也没有办法让阿姆河重新回到原来的河床里去，于是造成了咸海。

也许就是从那天起，阿姆河就被别人通过运河引了过去，并在河的两岸建立了许多新的都市。当然根据查阅的典籍也可以发现，以前河的主流是流进咸海的，但还有条支流是流进乌兹别克的，但当花剌子模需要对农田进行灌溉的时候，人们就把水流改变了方向，乌兹伯依可能就是这么干涸的。

当铁木真率领着蒙古大军来袭时，灌溉系统被破坏了，河水就沿着之前的流向又回到了乌兹伯依那里，农民又开始在有水的地方定居了下来，但当花剌子模再次发展的时候，水资源又马上紧张起来。

当时俄国的君主对河流的改道很关注，甚至派出了军队，迫使河流按原来的方向流淌。沙皇委派乌鲁索夫去寻找原来的河床，但沙皇时代的俄国，计划永远都只能是计划。因为这些计划没有办法带给实业家足够的利润，还要自己掏钱来做这个事情，而且本钱的数目不小。所以说，没有人关心计划的实施，计划就一直被搁置，直到社会主义制度的建立，俄国人民真正成了国家的主人。这个主人，对于大自然和时间的看法与别人有着不同的观念。它不怕把钱花在暂时看不到结果的事业上，尽管这种事业要经历很多年，需要很多个5年计划，但是只要是对国家有利就可以了。所以，修建这条河道就被提上了议事日程。

在一次苏维埃代表会上，人们开始筹划对卡拉库姆运河的改造，经过考察，人们最后决定把阿姆河引到乌兹别克，让阿姆河的水流进沙漠，这么大的工程虽然之前经过了大量的实验，但毕竟那不是真实的过程，所以最后都失败而被搁置了。

水随着河道流经过去，水中的淤泥开始慢慢地沉积下来，这就给土地带来了肥沃的土壤，在河边人们开始种植芦苇和矮树林。这是第一次在沙漠里面做灌溉实验，最后的实验表明，水并没有全部渗透到沙子里面去，在河水的堤岸上，人们种植着多种植物；牧场上牲畜有足够的水来饮用，而田地在任何时间都可以用河水灌溉。

这项工程非常的伟大，给人们带来了很大的福音，但是挖掘一条通往沙漠的河流，在当时还是非常艰巨的，它需要科学家经过多次的实验，长期的观察记录才能得出结论。在这个问题上，最关键的是，怎样才能最省力和最省时间地挖掘一个人工的河道。

挖掘运河可不是一件容易的事情，这次人们不是赤手空拳地战斗，而是有计划、有准备地进行。一队又一队的挖掘机在沙漠里工作；水就跟在挖掘机的后面，往运河里流去；接着就是吸泥船在水面上开过，目的是把河床加大加深。

机器的混乱时代

　　在政府制定的五年计划中，首先就把对沙漠的改造计划放在了前面，人们在沙漠里面建造森林和农场，并且将大力开发沙漠中的矿物质，充分利用沙漠资源。但是沙漠工厂的建立也不是那么简单的，人们先要在沙漠中修出一条适合机械运输的道路来，但因为沙漠的土质基本上都是沙子，所以道路的修建出现了很多困难。

　　人们的运输历史，刚开始是利用马车，后来修筑了公路和铁路后，用汽车和火车运输，当然现在可以利用飞机在天空上运输了。当时只能靠骆驼运输，他们把工厂所有的设备都拆卸成零件，通过骆驼一点点地运送到建厂的位置。当然公路的建设更是刻不容缓，但是这需要先建成一个狭长的森林带，有树木保护着公路才不会被破坏，建厂的目的才可以实现。虽然公路的修建比较困难，但是通过人们的努力，公路还是建成了。公路的形成对当地的农业有很大的促进作用，这表明大机械可以自由地进出于田地了。

　　以前在沙漠生活的人，虽然有自己的小块土地，但是人们农耕时的工具还是老式的耕犁，劳动效率非常低；现在在一望无际的田地里，看到无数的机械在人的操控下，熟练地游走其间。在沙漠变成绿洲之前，这里一个工厂也没有，但是现在已经有了规模很大的采矿工厂了。

　　中亚细亚是沙皇统治下的殖民地，因此当时俄国实业家是不允许到中亚细亚这个地方来开办工厂和开矿的。一片棉田和一个用来销售商物的大市场才是他们最终目的。也有人曾经要把这里变成一个纺织工厂，并且做出了计划上呈给沙皇，但是得到的结论却是：不仅不让人们在这边境开办新工厂，而且还把原来在这里开办的手工业厂和矿坑给封了。

向沙漠发起猛烈的进攻

矿冶工程师达达里诺夫在呈给总督的报告里，对革命之前的情形描写得很深刻，他这样说道："在图尔克斯坦总督统治区里的土著采矿工业，自从俄国工业家来到这里之后，这个地方就很快衰落了……这些新的实业家整天漫无目的地闲游，不去研究当地的地形，也不做应有的准备，只是一味地在观察那些被迫停工的土著矿坑，树立标志。"

革命成功以后，很多的科学家就在这里发现了各种各样的财富，尤其是沙漠里的，所有的工作进展得也很顺利，比如说：今天科学家们在这里打个帐篷，明天就有货车在路上奔跑了。

除此之外，还有一些工厂，比如纺织工厂、缝纫工厂、丝线工厂，它们也一个接一个地建立了起来。这里的工作方式不再是 15 世纪那样，而是拥有了先进的科学技术。

塔吉克斯坦作为一个典型，很有推广的必要。中央亚细亚和卡查赫斯坦的其他地方也发展得不错，只不过他们付出了 5 年的时间，用的时间较长，但结果却是让人满意的。

生活方式的改变

沙漠的改造经历了几十年，人们的生活有了极大的改善，沙漠居民的生活也没有以前那么辛苦了，人们开始慢慢地在沙漠里定居了下来，虽然以前也有过游牧人民定居下来的情况，但那基本上都是因为环境适合居住，人们自发性的定居，但是因为人们不合理地对自然的索取，使得沙漠不再适合人定居，所以又开始了游牧的生活。而现在的沙漠居民却因为沙漠在短短几年的突破性改造，使绿洲变得更多，人们定居的意识又开始萌芽起来，毕竟每一次迁移都要耗费很多财产和精力的。

游牧民族之前并不了解农业，之前只能靠放养牲畜来生活，他们不懂如何耕地，不懂得如何播种，也不会灌溉。现在每个人的生活方式都得到改变，以前沙漠人的生活都听从大自然的摆布，一旦天气突变，人们的生活就开始混乱起来，牲畜只能默默地接受挨饿、疾病和死亡。而游牧人民的整个生活都和牲畜系在了一起，如果牲畜挨饿，他们也得挨饿。而现在，游牧人民已经学会了如何储存过冬用的草料了，也学会了种草。

我们如果翻看一下30年以前的照片，人们不难发现现在和以前的生活状态变化之大。以前的照片上面，房子基本上都十分破旧，周围都是黑色和白色的帐篷，因为生活状态是游牧，所以随处可见的都是牲畜，而现在的人们生活基本上都不在帐篷里面了，都住进了真正的房子，帐篷只有在人们野营的时候才会用到。

现在的人们开始集体生活，有了自己的田地，有商店和养殖场，还有自己的汽车，人生病了会有医生救治，人们可以通过报纸、电话、广播来了解新闻。以前人们几乎都没见过水果，而现在人们已经开始有了自己的果园。

以前人们只能靠牲畜生活，现在有了田地，人们可以种植自己需要庄稼，为自己的牲畜储存补给。现在人们不再游牧了，只需要人们把牲畜赶到牧场就可以了。人们的生活一切都改变了，就连牲畜的生活状态也在改变，科学家通过新的科学技术培育出多产的绵羊。在沙漠里，人们可以看到牲畜慢悠悠地吃着青草，天气也不会突然剧变，人们的生活完全不像是在沙漠中生活，而是在绿洲中生存。

蓝天、白云、青草、牛羊……以前这在沙漠中完全都不可能出现的情况，现在竟然发生了，而且还活生生地出现在我们的面前。

全国**总**动员

　　全国好像都掀起了改造沙漠的热潮，改造的速度震惊了全世界。人们在原本的沙漠上建立了工厂、矿坑、油田，还有一些大面积的草原和森林，完全看不出沙漠的影子，这就表明了沙漠改造的成功。另外，我们可以在这里看到很多新鲜的水果，以前牲畜是散养，现在是集中圈养，游牧的人们也有了自己的田地和果园。虽然沙漠改造的速度很快，但是因为之前破坏得太严重，仍然有大片的沙漠和高原荒地等着我们去改造。想要改造这些贫瘠的地方，首先就是要有水，想要让这些贫瘠的土地真正苏醒，就需要大量的水源。可是，到底从哪里去找这么多的水呢？为了找到这个问题的答案，那些工程师和科学家们在很多年前就开始了对水的寻找。

　　人们开始计划把西伯利亚河流的水引导到沙漠当中去，这需要一个新的水流系统。在草原上，海洋气流带着水分一次次形成了降雨，接着雨水又慢慢地汇聚起来，流向了海洋，这就是一个水的循环系统。水的循环系统对人有多大帮助呢？在水的循环过程中，有很多次会经过植物的根和叶，帮助我们培育谷物、棉花、水果和树木，最后让我们获得果实而生存着。

　　水也可以帮助我们运输物品，运载货物，而且还能够让水电站里的发动机转动，水慢慢地被人类利用了起来，但是水的分布并不是很均匀，有的地方水多得成灾，有的地方水却少得可怜。人们就开始寻找，怎么改造大自然让它有利于人们呢？人们开始对河流进行改道的研究。

　　但是河流的改道并不是那么容易的事情，经常会遇到很多的障碍，比如图尔盖分水岭。图尔盖分水岭已经在这里有好几千年的历史了，这里原来流向里海和咸海的鄂华河和额尔齐斯河不得不改变水道向北方流去。而现在，想要这些河水再度流向里海和咸海，就必须要把这个障碍物打开一扇大门。这样的话，河流里面的水就会自己向东南流到咸海里面去了。而在那里，人们就可以利用阿姆河干涸掉的那条河床把水引到里海里面去。

捷姆青科在他的书中提出了这种观点，等到西伯利亚的河流提高了水位后，两个海里的水被蒸发的面积就会变大，空气就会变得湿润，水蒸汽密度的增加，促使了雨量的增加，从山上流下来的河水就会变得更多一点，人们就可以利用这些水去灌溉更多的土地。在科学家和工程师的建议下，人们的设想不再是纸上谈兵，真正开始研究对西伯利亚的河流和水流的重新分配问题。

自然改造的方案有多种，但是每个方案并不都适合实施，最后确定哪个方案必须要经过激烈的论证，直到那个最强有力的方案出现为止。一次在参加科学院的研究会的时候，一名考察队里的工作人员编制了改造沙漠的方案，这个方案的与众不同之处是，不许把西伯利亚的水引导到中央亚细亚去，因为根本不需要那样做，那里的沙漠并不缺少水分。

沙漠里有非常好的牧场，有可以供给牲畜全年的草料，这个地方并不缺少水，在沙漠的地下，有人们需要的水，这个水不仅仅是雨水。在沙漠的夜里，沙子的温度会降到极低，它就像个冷凝器一样，让空气中的水蒸汽变成了水，水慢慢地渗透到沙子的下面，只要把沙子下面的水取出来，就可以被人利用了。

沙漠还有一个重要的资源就是风力资源，风可以把帐篷吹得到处乱飞，把沙子吹上天空，形成沙尘暴，风的力量是巨大的，如果人们将它利用起来，那就可以为人类造福了。在列彼切克，人们建成了风力发电机，电可以让机器运转，这样水就可以从地下抽取上来。风力发电机成了沙漠中的一道风景线了，通常在远处一望，就能看到高高的风塔，旁边有小房子，有钻井架。钻井架把水从深处取出来，而有的地方，地势比地下水还要低，只要在那个地方插上一根管子，水就会冒出来，如同喷泉。

人们在沙漠中建工厂来采矿，这就需要水源，而且人的生存也离不开水，人们开始到处凿孔分析下面是否有水，当人们在地下的花岗岩里发现水脉的时候，人们就像找到金子一样兴奋。水对于人们的重要性在沙漠中是不言而喻的，但是人们有必要把水引导到沙漠中去吗？

人们开始提出这样的疑问：干燥的气候不适合蔬菜、水果的生长，但当空气中充满了湿润的气息后，是不是蔬菜等植物的生长会受到影响呢？科学家又开始了对这个问题的研究讨论。学术界永远都是在不停地争论，但正是这种争论才会让改造自然有了新的思路，新的发展方向。

如果土地没人照料

当大面积的沙丘变成绿洲，人们解决了水的问题后，就突然发现劳动力的缺失严重。土地是没有办法独自生存的，它需要人对它的精心呵护，不然它又可能会慢慢地沙化，变成沙漠。这就需要政府的倡议，提倡人们移民到沙漠，然后出台相应的扶持政策。人们开始大批量地涌入，不仅仅是因为政策的扶持，更多的是因为沙漠土壤培育出的作物的高产，是远远高于其他地区的，可以满足人们的多种需要。有人在农场做个实验，这次实验的主要目的是推广棉田种植，并且是大规模的机械化生产，这种种植只需要几个驾驶员就可以搞定了。

人的智慧真是无穷无尽，人们在棉花丰收时，先用一种药粉，用飞机配撒在棉田里，这种药粉一接触棉花叶子，叶子就会枯萎脱落，没有叶子的棉花杆孤零零地矗立在哪里，人们用采摘棉花的机器进行收获。这样就大大地加快了棉花采摘的速度。

原来每公顷棉田至少要用到200个工作日，而实行机械化之后，只需要57个工作日就已经足够了。

这个实验表明，如果在相同的人力和物力的情况下，沙漠耕地的产量是别处耕地的 4 倍。在相同的产量的情况下，沙漠耕地只需要以前的 1/4 的工作量就能完成，同样劳动力也只需要以前的 1/4，根据这个实验，我们总结出一个结论，我们没有必要担心劳动力的缺失，沙漠人通过自己的智慧和大机械的使用，完全可以主宰土地，做土地的主人。

建造绿色的 屏 障

按照政府的计划，在对乌拉尔以西的森林草原地区进行改造的同时，对各地的沙漠也进行着有计划、有部署的改造。对于自然的改造，我们先要从全方位进行了解认识。我们不但要保护田地不受旱灾、峡谷、干热风和黑色风暴的侵害，还要保护绿洲不受"阿富汗风"的侵害。

阿富汗风是什么呢？它是从阿富汗吹向中央亚细亚的沙漠干热风，当吹来的时候经常带着大量的尘土，并且一刮就是几天，田地里的种子刚发芽的时候，是最怕风吹的。风把嫩叶吹得卷了起来，吹断后被带到空中，庄稼的产量会大大降低。

如何阻挡它的入侵呢？人们在它前进的道路上种上森林带，来阻止它的步伐，有的时候一条森林带是不能阻止它的步伐的，需要多条才能降低它的速度，这就需要科学地建立森林带，这个森林带的面积估计要达到十万公顷以上，要桦树、杨树等多树种互相搭配的种植，如果在森林里种植上果树，这样当人们经过的时候也可以采些果子吃，即便是人很少进去，给小动物们留些口粮不也是很好吗。

森林不但可以保护庄稼和果园不受干热风的侵袭，而且冬天还能为人们提供燃料，正是由于森林的形成，保证了地面土壤的湿润性，土地也不会出现盐碱化的现象。

向沙漠发起猛烈的进攻

恐怖的 流沙

在沙漠中除了烈日和沙子温度让人惧怕外，更让人胆颤的是流沙。流沙有点像泥石流，它可以冲进田地和果园，冲击堤坝，如果谁敢阻挡它的步伐，它就把谁掩埋在下面。

人们为了不遭受流沙的袭击，只能远离它，到很远的地方去居住，但是一旦人们走后，土地又开始慢慢沙化，这就成了流沙的根据地，流沙的队伍就会逐渐壮大，它就又会调皮地与人捣蛋，人们只能再抛家舍业地迁移，流沙又马上追了上来。

困难像弹簧，你弱它就强。人们在忍无可忍后，终于开始有组织地向流沙进攻了，人们建起高高的围墙，企图把流沙挡在外面，可是流沙却越堆越高，妄图翻过围墙，人们就马上把围墙再次加高，而沙丘也随之增高，当城墙的一侧出现一个裂缝后，流沙马上就由高而下冲了下来。这样的方法不能让流沙彻底放弃对人们的攻击。

到底怎么办才能让流沙止步呢？我们首先应该对流沙充分地了解，它为什么会跟随我们的步伐呢？是什么可以让它们有动力来跟随我们？之前的沙地上应该是有青草和矮树的，但是怎么没有把沙紧固在地面上呢？这就和人有关系了，人们对牲畜进行了圈养，只是这个圈养的面积比较大而已，正是牲畜生活的地方造成了沙化，然后再慢慢扩张，才让我们有了这样的灾难。这是人们的无意之举，还是必然结果呢？

别再纵容流沙了

牲畜们一直以来都在沙漠里面吃草，它们不但把沙漠里的青草吃得干干净净，还用蹄子把土壤的表层皮给践踏坏了，等到牲畜们离开的时候，草原慢慢地变成了沙地，这个时候在风的作用下，那些沙子被刮得到处都是，只要有了突破口，沙化速度好像水坝开了闸门一样，迅速地冲向植被稀少的地方，流沙很快就占领了地盘。一开始的时候因为面积小，人们并不是很注意，但当它们可以把天地吞没的时候，人们开始意识到了问题的严重性，但这时已经晚了，人们需要为自己的管理不善付出代价。

这种逐渐沙化的情况，并不是最近几年才有的，其实早在100多年以前就有了，当时沙漠还是草原，还没有被开垦过，等到春暖花开的时候，游牧民就赶着自己的牲畜到那里去吃草，那时的人还不是很多，牲畜也很少，但是当游牧民变得越来越多的时候，他们所需要的牲畜也就要越来越多，这样才能维持人们的生活所需。牲畜的变化，对草料需求就会增加，而草原的面积是有限的，就这样草原被过度利用，而且表皮被牲畜的蹄子给践踏破坏了，草原也就慢慢成了沙漠。当草被牲畜啃光后，人们又把草原上的植被都砍倒给牲畜们吃，原本绿油油的草原，开始变得光秃秃，后来就变成了一个个的沙丘。我们一定要阻止住流沙，否则流沙就会把我们在沙漠中建立的一切都给毁掉，而那样的话，我们现在有计划地改造沙漠，就会成为永远的计划。

第一个"沙漠移民者"

　　那我们用什么办法来阻挡流沙呢？如果没有人类的参与，沙漠也是生长植物的，只是这种植物生长得比较缓慢，而且也几乎没有叶子，就像枯萎的树枝一样。但是人们有些搞不懂了，为什么这些植物，能在流动的流沙里面生长呢？

　　经过几千年来的生存，这种植物已经适应了这种生存环境，它从来不怕风把它从沙里面吹出来，然后盖上厚厚的沙上，它仍然会倔强地把枝条伸出沙丘，这是需要多大的勇气啊！

　　第一种在沙漠被发现的植物叫作蒂姆，它是一种矮树，它的种子外面有一层绒毛，风一吹，它就像皮球一样跳来跳去，因为它的轻盈，所以沙子永远在它的下面，当它生根发芽后，就不会被吹走了。沙子一层层地把它掩埋了起来，它使出浑身解数来对抗着沙子，使劲地往外生长，因为它一直坚信终有一天可以再见天日，等到它再次破土而出的时候，它身下的沙子就被它牢牢地抓在身边，建立了自己的据点。

　　在沙漠中不仅仅只有蒂姆这一种植物，还有别的草和矮树，在经历了几千年的斗争后，它们也可以在流沙上面建立自己的小地盘，就这样一个沙丘，被三三两两的植物分成了好几部分，虽然不能阻止沙丘移动的步伐，但是可以把它们移动的速度降低，沙丘变得越来越小，矮树变得越来越大，就这样，这堆沙子就慢慢变成了植物的不动产。

　　在矮树占领沙丘之后，它们就会用自己顽强的生命力去培育下一代，在这个狭小的沙丘上面，植物变得越来越多，一些植物慢慢地因为水分的不足而失去了生命的竞争力，一些新生的植物因为不适应环境也被淘汰了。最后剩下的植物和水的提供达到了一种平衡，而竞争不过新植物的第一批移民，它们只有选择死亡，把这片乐土让给新的一代。

与流沙争夺土地

一旦发现了可以阻止流沙的方法后，人们马上行动起来，用自然的方法来和流沙进行斗争。但是这种方法，只能让流沙移动缓慢些，怎么样才能做到使流沙永久性地居住下来呢？

唯一能阻止流沙的就是森林，森林不但可以降低风速，而且还能固定流沙，这样流沙的进攻就会被慢慢地延误下来，然后就会慢慢地被阻止。我们应该保护沙漠里面的树林，人们在使用树木的时候应该做到科学合理。我们应该有计划地去砍伐树木，而且要有计划地去栽种树木，如果想把流沙稳固住，只有一种办法，就是重建森林。当我们在沙漠的四周，沿着道路和河流的两边建造森林后，不但可以防止干热风的作用，而且还能防止流沙的进攻。

我们在流沙上种植一些青草和矮树，其中有蒂姆树，但不仅仅只有这一种树。我们还要保护好牧场，有计划地进行轮换放养，要有专门的人员来观察土壤和草地的变化，这样就可以防止土壤被牲畜踩坏，青草被过度开垦。

沙漠中不只是有植物的，还有一些小动物，它们靠吃沙漠植物为生，沙漠地鼠就是这种动物，它们不但可以破坏植物，还能给人类传播疾病。为了防止动物传播疾病和损害我们用来防止干热风和阻止流沙的矮树丛，我们只好找那些动物的天敌来帮忙了。

大自然的生存并不仅仅是我们能看到的那么简单，它还有一些我们看不见的，比如细菌，它们有自己的生物链条，在这条链上每个环节都是那么重要，如果有一个环节丢失后，有可能产生一个链条的毁灭，当我们知道了物与物之间的联系后，我们就可以按照我们需要的去改造大自然。

向沙漠发起猛烈的进攻

在计划实施的五年后，整个国家已经有了很大的改观，以前大面积的流沙地区，现在已经变成矮树丛林，沙漠的边境也都进行了巩固沙丘的行动，为了防止沙丘的进攻，人们在可以种植的地方都种上了一排排的树。但是只做这些工作，还是不能让流沙停下脚步的。

消灭山洪

沙漠改造是我们的一个大工程，但是其他的灾害也是这次全国统一行动的目标。这个时候山洪逐渐出现在了人们的视线内，雨季的时候，山上的水带着泥土和石头从上面迅速冲了下来，可以把桥梁冲断，把道路冲坏。

山洪经常是在一场大雨之后，顺势而下，冲到河里面，造成河水的泛滥，之后河水到处肆意狂奔，一路冲刷，席卷着泥沙、土壤，冲到平原地区的城市里，它把能破坏的一切都掩没。人们没有办法阻止山洪的袭击，但是可以阻止山洪的形成，只要在源头上做好防御措施，就可以避免山洪的袭击。

▲ 山洪爆发

山洪的形成通常需要有大量的水，再就是陡峭的山坡，还有稀松的土壤，这三个条件都具备的时候，山洪就形成了，当它要爆发的时候，什么都不能阻止它的脚步的。但是我们只要做好防御，在源头上杜绝它的形成，山洪的攻势就会不攻自破。我们在有水的地方建立好堤坝，在光秃秃的陡坡上种上树木，在稀松的土壤里种上青草，这样山洪形成的环境链就被人们拿掉，所以山洪也没有办法形成，大自然的暴力就没办法随意宣泄了。

与大自然的博弈

在秦结尔林教授的一本著作中，他写到了人们如何把森林变成沙漠的过程，这些地方不仅仅苏联有，美国的中海沿岸也有，这些地方都有一个共性，就是肥沃的泥土被冲走了，到处都是贫瘠的土壤，而且河流经常性地干涸。

在一些移民国家，像美国，人们基本上不会和沙漠作任何斗争，如果这个地方不适合人们居住，人们可以迁移。虽然也有人提出对沙漠的征服计划，但它仅仅只是个计划。在非洲，有一个教授向当时的政府提议，可以在基俾比河和绰伯河里修筑河坝，把河水引到喀剌哈利沙漠里面去。如此一来，南非的气候会变得湿润一些，而喀剌哈利沙漠就会变成肥沃的地方。这个计划一直没有实施的原因就是资金方面出了问题，因为要实现这个计划需要很多钱，什么时候见到成效也不一定。人们在不经意间对自然的放纵，导致了后面灾害的肆意发展，土壤慢慢地被破坏，草原变成了沙漠。一些人认为，沙漠的扩张是自然界的力量，人是不可能阻挡的。但实际上他们不愿做这项工作，因为对沙漠的改造需要投入成千上万的物力和财力，其实得到的回报会远远地超出人们的付出。

大自然是复杂的，看似没有关系的东西往往都是有着密切联系的，风、水、太阳，就是这样，太阳把沙子晒得很烫，晚上也可以让沙子降到极冷，正是这样的冷暖气流的碰撞，就会形成水，因为温度的变化，所以有了风。它们像三把尖刀直接插向沙漠，但是只要运用得当，这三把尖刀也可以为人类服务。充足的日照，可以使水果蔬菜得到高产，风可以用来发电，水可以给植物和人提供水源。

大自然可以在人们的合理利用下，为人类造福，以前的灾难可以避免，人们不但懂得了怎么把灾难驯服，还懂得了让它们为自己所用。只要我们多种植森林，修筑堤坝，减慢水速，改造土壤，就可以 大大地提高生产力。如今，人们凭着非凡创造力和智慧，将一片片森林建成绿洲，这种奋发图强的精神面貌，正把大自然带向新的舞台。

第11章

米丘林和他的学说

如果当初米丘林也培育出了会说话的苹果，那么苹果肯定会为我们讲一个又一个精彩的故事，可能苹果会告诉我们树上的鸟儿是怎么一天天长大，可能苹果会讲述它们被一直挂在树上的感觉，也可能苹果会讲关于米丘林怎么坚持不懈、努力地克服各种困难和障碍的。

如果 植物也会 说话

从古至今，人类在各个方面和大自然作着顽强的斗争，人们把森林和田地改造了，把沙漠和草原改造了，甚至连植物的生存状态和本性也可以改造，

▲ 赛拉帕都斯樱桃

这是一个叫米丘林的科学家提出来的。米丘林是苏联优秀的园艺学家和植物育种学家。如果你是第一次看米丘林的著作，也会被展现在眼前的彩色画面吸引。有一张上面有很多颜色的樱桃排在一起，你能想象出这是一张樱桃的合家欢图吗？这上面有鸟樱桃、酸樱桃、赛拉帕都斯樱桃。仔细观察，你会看出家长是鸟樱桃和酸樱桃，而它们的孩子就是塞拉帕都斯樱桃。

为了能培育出新的品种，米丘林通过了多次试验，终于成功了，他向理想樱桃花上授粉（理想樱桃是米丘林培育出的第一种酸樱桃品种），而所受的花粉则来自日本樱桃，当授粉成功后，他把种子种在地里，然后把它长成的小树的芽切下来，嫁接到一棵5岁的甜樱桃树上培育。这个流程是相当复杂，有点像现在的试管婴儿一样。

米丘林用不同的植物进行杂交，得到杂交的品种后再到另一种植物上培育，就这样他让自然界多出了一种由人类创造的新品种，一种更有价值的新

品种。他的新品种既不是酸樱桃，也不是鸟樱桃，于是米丘林给这新品种取了个名字，叫塞拉帕都斯。塞拉帕都斯结出的果实，大小和酸樱桃差不多，却又如鸟樱桃一样，一串串生长，并且果肉甜美可口。

接着翻看米丘林的书，你一定会被一串颜色鲜红的果实图片吸引过去。这些果实上似乎印上了五角星，果实上有向各个方向散开的凹痕。这是什么果实呢？

这鲜红果实的名字叫餐用花楸，它是花楸和波斯山楂的孩子，没错，这也是米丘林的杰作。花楸本来的味道是非常苦涩的，但是它和波斯山楂一起"生出"的果实，却是甜的，如糖一样甜。于是他就把这甜果实取名为——餐用花楸。

看米丘林的著作，你一定会有很多疑问，为什么他要极力地给这些原来互不相干的植物"联姻"呢？这些问题的答案，也只有你耐心阅读米丘林的书才能知道。相信你一定会明白米丘林所做的这些实验的深远意义。

在没有出现杂交品种之前千万年的自然界中，植物的生长都是遵循着自然的规律来生长的。拿花楸来说吧，人们从来不关心花楸的生长和结果，虽然每年花楸的枝头都会挂上很多红艳艳的果实，它们是那么沉甸甸地挂在树梢，可是人们就是不理睬。只有一些鸟儿或不挑食的孩童才会去吃。为了吃到口感好点的花楸，就必须等到深秋，那果子已经被霜冻过了，味道就没有那么苦了。

通常你会在很多果园的边缘看到花楸树，虽然它们长得这么茂盛，但是果园管理者压根儿就不瞧它们。对于果实对人类没什么用的花楸，他们就把它当作杂草一样，觉得它生长得越茂盛就是越浪费土地。

不过米丘林可不这么觉得，对他来说任何植物都是很重要的，如今自然界生长的每一种植物都是经过了大自然的竞争生存下来的，它们的生存肯定是有意义的，就像有些人说的，"垃圾是放错位置的资源"一样。怀揣这些思法的米丘林也许这么想过：既然自然界都在改变植物，那我是不是也可以把现在的一些野生植物进行一些改变呢？

米丘林和他的学说

物竞天择是优胜劣汰的最好方法，优良品种会很好地生长，不适合的品种靠自然选择，逐步地淘汰。比如热带雨林中的植物，如果生长缓慢，那么长得快的就能更好地吸收阳光，更好地生长。而长期处于热带雨林接受不到光照的植物，要么就没法繁育后代死亡淘汰，要么就变异，在自然选择下产生新品种。

又比如我们现在看到的果树，在千万年前它们很可能不是今天的样子，也许那时它们的果子比花楸的还难吃，也许它们也开不出现在这样的花。可是那些变异出有花朵的植物得到动物传粉的几率更大，结出果实的机会就越大；那些果子好吃的植物更能吸引动物来为它们播撒种子，这样它们便能代代相传、生生不息。

也许大自然也可以改变酸樱桃和花楸，但是坐等着大自然来改变的话，或许需要等上万年甚至几百万年的时间。作为创造性很强的高等动物人类，我们是有能力去改变、去加快植物改变的速度的，为什么要苦等呢？

米丘林就是实践者，他想把自己内心的想法变成现实。他期待那些每年都结果实的鸟樱桃、花楸和山楂结出大家喜欢的果子，成为人们喜爱的优良作物。他首先通过查阅书籍和自己对知识的理解，制作了很多关于物种杂交的计划书。米丘林有很多想法：把耐寒的物种和多季的品种进行杂交，是不是可以得到一年四季都有果实的植物呢？把苦涩果实的物种和口感甘甜的物种进行杂交，是不是苦涩的口感会降低呢？就是这些想法激励着米丘林，他经过多次的实验，最后终于成功地创造出了餐用花楸，这样一来，那些鸟儿和孩童就能吃上甘甜的花楸果子了。

米丘林的实验没有就此止步，他仍然大胆设想：既然花楸不怕北方的寒冷，那是不是能让它承受西伯利亚的最寒冷的天气？米丘林小心求证，终于发现花楸的矮品种比较容易在严寒地带存活。

在自然界的丰富植物资源里，米丘林有主人翁的感觉，他时常用主人的眼光来审视这一切。米丘林脑海里常常都在想，远方会有什么植物呢？比远方还远的地方又会生长着什么植物呢？带着大胆的猜想，米丘林在乌苏里克斯的一处密林里发现了不为大众所知的植物——猕猴桃。

猕猴桃有时攀在高高的树上，有时缠绕在矮灌木丛，有时又蔓延在密林的空地上。而猕猴桃那又甜又香的果实就密密麻麻地挂在那些藤条上，仿佛一串铃铛。接着米丘林就向乌苏里克斯的人们发出询问：这种果实有卖的吗？很快他得到了几乎一样的答复：没有，这里没有猕猴桃卖，甚至那些果树培育专家也很少知道这种植物。

不过，这些连本地人都没有注意的猕猴桃，米丘林又在隔几千里的地方发现了。之后，米丘林收到了一个边区的军官送来的邮包，上面印着"埃霍邮局"，邮包里装的是猕猴桃的种子。

经过多次的实验，米丘林终于培育出了比自然界原有的猕猴桃更好的新品种猕猴桃。新品种猕猴桃的果子是绿色的，它的叶子是很有特点的三色：正面是绿色的，背面是粉色和白色的。这种果子比之前的品种更适合人们食用，但是这种新品种的出现还需要一段时间才能得到大众的认可。不过米丘林有信心，他相信总有一天，这种猕猴桃会成为人们心目中极其平常的水果，就如北方最普通的葡萄那样深入人心。

其实，本来北方也没有葡萄的，这还是米丘林的功劳。那些生活在北方地区能吃上葡萄的孩子们都该感谢米丘林，因为这一切都是米丘林带来的。正如现在，我们拿着被米丘林改良过的苹果和梨的时候，心里也会感谢米丘林一样。

曾经只是在米丘林果园里出现的水果，那些被他的双手和智慧创造出来的或改良的果子，现在已经涌入到了全国各地，甚至世界的其他地方。

如果当初米丘林也培育出了会说话的苹果，那么苹果肯定会为我们讲一个又一个精彩的故事，可能苹果会告诉我们树上的鸟儿是怎么一天天长大，可能苹果会讲述它们被一直挂在树上的感觉，也可能苹果会讲关于米丘林怎么坚持不懈地、努力克服各种困难和障碍的。

苹果的成长足迹

相信大家都知道苹果吧？当你走在街头，路过一个个水果摊子的时候一定会发现苹果的影子，那甜美多汁的味道更是令人难忘的，那么，对于苹果，你到底了解多少呢？让我们来看看吧！这就有一只苹果，呈椭圆的形状，它一面朝向太阳，一面埋没在阴影之中，而它朝向太阳的那一面，已经是惹人喜爱的粉红色了，等它完全变成这种诱人的颜色，就说明已经成熟了。可是，你知道苹果的故乡在哪里吗？是在克里木吗？答案是否定的，苹果的故乡是在米丘林斯克，可苹果的祖先，却是在克里木呢。

苹果是米丘林改造的最有说服力的品种之一，它最早是在克里木发现的，它的果实也十分好看和好吃。而有一种看上去非常漂亮，吃起来口感又香甜的苹果，这种苹果的名字叫作堪地勒·西纳波。但是它的果树却十分娇气，只有在温度适宜的情况下，才能生长，所以对于天天面对严寒的北方民众来说，成了一个奢侈品，米丘林对它产生了兴趣，想通过对品种的改良，让它可以生长在寒冷的地方。

春天，在他自己的故乡种上种子，后来种子发芽了，小树苗茁壮成长，一切向着美好的方向发展，可是当冬天来临的时候，果园里面的苹果树几乎都被寒冷冻死了。而第二年他把成年的果树直接种植到地里，但是很快树木也死掉了，因为树木已经适应了原来温暖的气候和适宜的土壤。如果想要在北方种植这种苹果是具有一定难度的，他每一刻都没有停止过思考，他认为那些已经习惯了温暖气候的成年苹果树是没有办法应对可怕的严寒的，唯一的办法只有让那些苹果树在小的时候就开始锻炼自己的身体，拥有一个强壮的体魄，这样就可以不再惧怕寒冷的冬天和恐怖的暴风雪了，但是，这个方法真的行得通吗？那结果会是怎么样的呢？

在产生了这样的想法之后，米丘林再也不会用那些成年的果树树枝进行实验了，他需要的不再是树枝，而是一些可以来进行栽种的种子了，这些种子需要在他的悉心照料下长成树苗。就这样，米丘林将堪地勒的种子取了回来，他将其中的一部分种植在了屋子中的花盘里，又将另一部分种在了果园里面，并开始等待着。

在进行了嫁接后，那些果树成活了，但是遇到了一个很大的问题——那些果实并没有原来苹果树上的果实美味了，也没有了曾经的美观。米丘林感到很沮丧，可他并没有放弃，他继续在其他的树上进行了嫁接，就这样，有一棵嫁接过的果树在秋天的时候长出了小的苹果。米丘林将这棵苹果树种在了果园中，他想知道这棵苹果树是否有非常好的耐寒能力。第一个冬天来临了，小果树顽强地度过了冬天，第二个冬天来临了，小果树的几个树枝被冻死了，第三个冬天来临的时候，冻死的树枝越来越多。人们开始沮丧起来，但这点挫折对米丘林来说已经司空见惯了。

这样的失败并没有将米丘林打败，他又开始了思考，到底用什么样的方法才可以成功地让这些树苗活下来呢？也就是这个时候，他悟到了一个道理——这些堪地勒的小小树苗是和它的母亲相同的，有着非常娇嫩的身躯，可是，如果它们的母亲是一棵来自北方的苹果树，它们或许就不会这样畏惧严寒了吧！

米丘林首先想到可以用一棵野生的苹果树来做这些小树苗们的妈妈，可这样的方法仍然让他感到失望，虽然拥有一位这样的母亲可以让它们不畏惧严寒，可小树苗们还传染了其他的特性，就是将野生苹果树的野性也遗传了过来，这样结出来的苹果不仅不好看，还非常难吃。

这到底应该怎么办呢？挫折让米丘林越挫越勇，他又想到了一个不错的方法，他始终坚信着人们是可以改变自然界里原来的秩序，而创造一种新的秩序。马上他就想到了可能是因为植物的遗传性出现了问题，才造成了植物每年的抗寒性降低。如果把遗传性慢慢地改变的话，那就加上一种新型的物

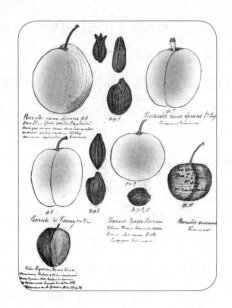

▲ 米丘林苹果梨

性去对抗抗寒的衰退性。于是他对以前杂交过的树木再次嫁接，在它的生长过程中再次和另一棵杂交的苹果树授粉，这样可能会有不错的结果。那就是用曾经已经进行过杂交的苹果树来做这些小树苗们的妈妈。这样的方法听上去是不错的，那么用谁来做它们的妈妈比较合适呢？在经过了缜密的思索后，他最终选择了中国的苹果树，在这样的想法驱使下，他找来了这样的苹果树。春暖花开的季节里，果园里的那些果树都展现着自己独特的风采，也就是这个时候，中国这一棵苹果树也出现在了这个新的大家庭之中。米丘林在堪地勒的苹果树上取得了花粉，并且放在了中国苹果树的花上，就这样，他又开始等待着结果。

可是，这样的苹果树到底能不能忍受冬天的寒冷呢？他非常焦急地等待着，期盼着冬天的到来，更希望自己的劳动成果会给自己一个满意的报答。如果这棵苹果树在冬天的时候生存了下来，就说明它遗传了自己母亲的基因，中国苹果树的基因，但如果它遗传了自己父亲的特点，那么它可能会悲惨地死去。

让人兴奋的事情发生了，这个幸运的孩子在第一个冬天坚强地熬了过去，这简直是个让人非常兴奋的消息。可让米丘林担心的事情，在第二个和第三个冬天发生了，这孩子并不像第一个冬天那样不惧怕寒冷了，并且越来越像它父亲了，米丘林非常担忧这个孩子会和它的父亲变得一样脆弱。

遇到了这样的情况，相信很多人都会就此放弃，因为那些人会觉得已经挣扎了这么多次，可还是败给了现实，他们没有力气去和现实作斗争了，而企图改变主物的那些遗传性同样也一定困难更大。但米丘林并没有放弃，他选择了继续坚持下去。19世纪的90年代，米丘林坚信人们是可以改变大自然里的秩序而去创造一种全新的秩序的，他认为，人完全能够创造出比大自然更加美好的植物。

米丘林用很多时间和那些植物打交道，他对植物的了解越来越多，并且经过不断的实验和不停的探索，他认为，控制这种遗传性是需要一定的挑战，但如果坚持不懈地努力，是能够赢得胜利的。

我们可以将遗传看做是一种特殊的力量，如果要将它打败，就一定需要另一种力量去同它对抗。于是，米丘林就将那个杂交的苹果树和一个品质极其优良的果子挑选了出来，然后切下了芽并嫁接在了中国苹果树上。他希望中国苹果树可以给这个孩子一个非常好的遗传基因，在这个孩子长大的过程中，中国苹果树也会将自己的优良品性遗传给它。

经历了这些工作，米丘林所嫁接的果树，使一种新的植物遗传性发生了转变，所有的事情似乎都照着他所期待的方向发展着，这实在让人感到非常欣喜，可实验还要继续，还需要不停地进行观察。

随着时间的流逝，那棵小树在一点点地成长着，经过了寒冷的冬天，它并没有败在严寒的温度之下，而是坚强地存活了下来，并且愈发地强壮了。又过了几年，小树变得更加强壮，已经不需要在母亲的庇护下成长了，因为母亲已经将自己抵抗寒冷的能力全部遗传给了孩子，母亲已经完成了自己的使命。

从这个实验开始已经过了十年之久了，这棵让人期盼了很久的小树终于结出了果实来，可结果还是让人伤心，那些果实不仅很小，而且长得很丑，这个新的试验品就这样以失败而告终了。并且到了 12 月份的时候，它们就开始变得干瘪而褶皱，种子也不会抽芽。

　　如果这是别的人进行的实验，那么那个人一定会非常愤怒，将这个自己实验的结果给毁掉，并且会失望地想，反抗遗传性是完全不可能的。但米丘林是不会这样屈服于命运的，他更不会承认这个悲剧，因为他了解，想制造出一个完美的植物，不仅需要很多的时间，更需要的是自己的耐心。

　　所有的植物都会有属于自己的独特性格。相信大家看过童话里那只丑小鸭吧，它也是经过了很长的一段时间才变成美丽的白天鹅的。所以，米丘林并没有将这棵看似失败了的小树放弃掉，他依然精心地照顾着，并且每天都抽出时间去观察它，每年都会给这棵小树应有的照料，并且仔细地将这棵树的变化记录了下来，这样就像是在照顾一个脆弱的婴儿一般，每个细节都不会放弃。

　　所有的努力都会给予一定回报的，米丘林的这个做法当然也得到了小树的回报。在他的努力之下，小树的果实越来越可口，并且模样也比从前的要好看许多了，非常肥大，看起来极其诱人。在这棵果树结出果实的第五年，它上面的果实已经超过了克里木地区的每一个种类的苹果了。而在第 18 年后，这样的苹果已经比从前那些苹果的重量都多上一倍了，这简直是出乎意料的，并且让人得到了十分惊喜的回报。

　　这种苹果只拥有一个保姆和乳母，那就是中国苹果树。在米丘林的果园里还有一种独特的苹果，这种苹果竟然有 8 个母亲，这到底是怎么一回事呢？这就是凤凰卵中国苹果，而它的乳母就是凤凰卵苹果树。它的最后一个乳母就是安托诺卡夫一磅半苹果树，在它所有的母亲之中，每一个母亲都无私地将自己最独特的基因遗传给了这个孩子，这样的苹果就算在冬天的时候也不会损坏。

这所有的一切成功虽然有这些乳母的功劳，可有一个人的功劳大过了它的乳母，这个人就是一直在背后支持着它们的米丘林。他不怕辛苦地、不停地进行着实验，这一切的努力没有白费。

小树的果实越结越多，后来它的产量到了叫人瞠目结舌的地步，当然这里面可能供体起到了决定性的作用，但是和米丘林的执著与一直在背后默默支持的工作人员是分不开的，他们不辞辛苦地在每棵树上都做着相同的工作，观察它的不

▲ 米丘林苹果。

同，年复一年地记录它们的成长。当然果树也给了他们最好的回报，但是一个好的品种只有在大面积的推广且被大家认可后，才能真正造福人类。所以米丘林把苹果树带到了相距1000多千米的克里木。

当在克里木试种成功后，他又在想是不是可以把它们带到更远的地方呢？在俄罗斯最冷的地方除了一些野生的植物以外，没有任何的水果树在那里有成活的经历，所以在那种艰苦的条件下，人们更渴望水果的出现，于是米丘林马上针对苹果树和适合生长寒冷地带的荆子花进行了授粉和嫁接，这种树成长起来虽然没有其他地方的苹果树高，但是它却适合在寒冷的地方生长，而它结出来的果实也异常好吃。

就这样，苹果树被米丘林搬到了全国各地，虽然树木形态有了较大的变化，但是都适应了当地的生存环境，都结出了甜美可口的果实，米丘林让全国各地的人都吃到了水果，人们的愿望终于实现了。

冬别里 梨 的诞生

作为一个果实栽培家，米丘林已经做得很好了。在米丘林朋友家的花盆里面种着一棵南方的皇家梨树，所有的人，包括栽培家，看到这棵梨树都会觉得它是相当出色的，因为这棵梨树完全可以孕育出鲜美多汁的果实，口感也是非常不错的。但是这样的梨树也有缺点——十分娇贵，只要周围的温度或气候达不到它的要求，那么它的身体就会出问题，而如果放在非常寒冷的地方，那么这棵可怜的梨树就没有办法活下去。

米丘林想要在这个寒冷的地区创造出这样美味的梨树，必须要克服的第一个条件就是寒冷，他不希望这样的梨树只在温室中才可以存活。

有了这样的想法，他觉得应该让这个皇室贵族的梨树和一种并不惧怕寒冷的北方梨树结合一下。就这样，他想起了那棵还在他的果园子里生长着的乌苏里野生梨树，可这棵梨树所孕育出的果实，实在是让人难以下口，得不到人们的喜爱，可这棵梨树却有着南方果实并没有的一种特点——不害怕寒冷，这种生长在乌苏里江边的植物早已习惯了严寒的天气，多么残酷的环境它都可以存活下来。

米丘林马上对着院子里的梨树进行起了实验，梨树结出来的果实是又小又硬，非常难吃，等到春天的时候他就把温室里面的皇家梨树的花粉传授到院子里的梨树上，然后每天都来观察树木的变化，等到秋天收获果实。虽然果实看上去还是那么又小又硬，但是米丘林还是把它们当成种子再次种下，等到几年后，观察他们的果实和种子的不同。

几年后，这几棵树的果实有了不同的区别，不只是在颜色和形状上，在口感上也有不同。有的果实又小又硬，有的又大又软，还有的带有些斑点，更有的颜色比较杂了。他挑出又大，口感又好的几个当成种子，再次种到土壤里面，几年后，它长出的果实又大、又甜、又多汁，而且最让米丘林高兴的是它们一点也不惧怕严寒，一点也不娇气。

或许对于寒冷的冬天来说，似乎春天的寒冷更加让人害怕。春天的时候，各种树木都开始发芽了，会有寒风将树上的花瓣都吹落，土地在夜晚的时候变得又冷又硬，可在白天的时候又会变得很暖和，这样让人无法承受的气温差实在是苦恼。早晨的时候，太阳还没有光临的时候，寒冷就会先一步占领了这个世界，并且使河结冰，就连那些漂亮的花朵也逃脱不了身上会套上一层冰外衣的命运。

可是这个品种的梨树比其他的任何树木都要耐寒，就算风寒把它的花朵全部包围起来，它也会突破重围，顽强地结出果实来。这种梨树好像没有那么娇贵，它可不会屈服的。狂风会无规律地进犯果园，让果树随风摇摆，使花朵和小果实掉落，但它的果实牢牢地粘在果树上，这些果实就算被摘了下来，也还是会保持它们的坚强韧性。

梨的果实往往都比较脆弱，通常情况下，娇嫩的果实容易烂，在运输途中，因为道路的颠簸，果实之间容易发生碰撞，就会出现伤痕，有的甚至还没到目的地，梨已经没有办法吃了。但是这种被米丘林命名为冬别里的梨却是不一样的，当它在被擦伤的时候，会自己进行修复，在出现伤口的地方自动结出伤疤，这就好像它有自身的免疫修复系统一样。

另外，梨如果保存得好点的话，可以放到过冬之后，但是普通的梨过冬后都会慢慢烂掉，而冬别里梨却不会，也许因为它有一个冬梨的美称，它可以保存到来年的 4 月份，这个时候人们基本上都看不到别的梨在商店里面出售了。这个时候的冬别里梨变成了唯一品种的梨，它在经历了一个冬天的存放后，果实变得更甜美和清脆，它的颜色变得更金黄起来，极像富态的小金块，更加喜人了。

植物改造者——米丘林

米丘林创造了自然界中未曾有过的稀奇古怪的植物，如果没有米丘林的话，北方的杏、葡萄、甜花椒以及其他的几十种水果就不会出现在这个世界上了。也有一种可能，就是在很久以后，大自然会自己创造出这些植物来，可要等上多久就不得而知了，多亏了米丘林，才让这些植物提前出现在我们的世界之中。

可是米丘林却是不能等的，如果一味地等待这个未来出现，那么希望是非常渺茫的。于是，米丘林将时间征服了。

米丘林将南方那些比较柔弱的品种同北方耐寒的品种进行了杂交，他不仅让苹果树与苹果树，梨树和梨树之间进行了杂交，甚至还将那些完全不同种类的植物杂交在了一起，例如甜樱桃和酸樱桃，还有酸樱桃与鸟樱桃等等，因此，在米丘林的果园里生长出了许多古怪的植物，有的李子树上长出了杏子，甜瓜藤上结出了南瓜，而南瓜藤上却长出了黄瓜，如果你亲眼看到了这些，一定会大吃一惊的，这是多么神奇又有意思的植物啊！

米丘林正在有意识地进行着这些控制遗传性的实验，举个例子，如果想要将母树的遗传性减低一些，就要只开过一次花的植物，也就是年幼的母体；如果想要将遗传性增强，就去选择那些已经结过了很多次果实的植物来做为它的父亲或母亲，这很有趣，不是吗？

在进行植物创造的同时，米丘林并没有将自己的目光完全放到那个植物的本身，他还周全地考虑到了地形与气候会不会对周围产生影响等因素。对于植物故乡的土壤，他是将这个因素看得非常重要的，因为他知道，如果一棵幼小的树苗生在母亲的故乡土壤之上的话，那么这个树苗一定是和它的母亲相像得要多一些了。所以在米丘林把赛马拉草原的樱桃和符拉其米尔的罗季节列瓦进行杂交的时候，米丘林为了让这个后代更像罗季节瓦列一点，他专门给这个孩子订购了故乡的土壤，进行了精心的培育。

终于有一天，那些平日里习惯了米丘林奇怪行为的邻居们也出现了奇怪的行为，原因是在这个时候米丘林需要给他的果树们进行搬家，他要将自己家的果树们全部搬运到一个贫瘠的地方去。而邻居们觉得，米丘林越来越疯狂了，他完全就像是一个疯子了。可是米丘林并不在乎别人这样的想法，他完全明白自己在做什么事情，因为他知道，那里的肥沃土地会给这些植物非常好的照顾，而现在，这些植物也需要吃一点苦头了，它们也需要在苦难中历练成长。

为了让他创造出的梨子变得更加鲜美多汁，米丘林给了小树非常好的养料，经过仔细研究创造的人造土壤，结果就真的同他所想的那样，果树并没有辜负他的希望，长出了像蜜糖那样甜的果实，而这种新品种的梨子也被米丘林称为糖梨。

当你在书中阅读到了关于这个实验的一段时，你就仿佛亲眼看到了这个"魔法师"运用一些鲜活的材料创造出了新的水果。

从古至今，所有人都认为梨子就是梨子，苹果也就是苹果，苹果树上不可能长出梨子来。可是米丘林却是独特的，他一定要创造出来未曾经发生过的事情，他深信，只要有耐心和信心，再加上时间，就一定可以按照人类自己的意愿来改造这个看似不可能改变的大自然。

有了这样的想法，他就大胆尝试了这样的实验——让梨和苹果树长在一起，并且看看，这样的树到底会结出怎样的果实来。

在米丘林的院子中，有着一棵安托诺卡夫一磅半苹果树，这个名字是米丘林取的，因为这棵树上结出的苹果竟然有一磅半那么重，所以米丘林就决定拿它来进行自己的实验。

原本米丘林只要简单地切下树枝和芽就可以进行这项实验了，可他并没有这样，因为他认为那些老苹果树有一些性格已经无法改变，如果真的要改变也需要费上一些功夫，并且是很不容易的，所以只是尝试那样简单的方法根本不可能获得成功，于是就只能从那些年轻的树上开始下功夫了。

他将一个很大的安托诺卡夫一磅半苹果树的种子种植在土中，很快种子就发芽并长成可爱的小树来，如果放任这棵树不管，那么这棵小树也只能生长成一棵非常普通的树，和其他的苹果树没有什么不同，那样就失去意义了。米丘林让这棵树和梨树结合在了一起，他将这棵树上切下来的小芽嫁接在了另一棵小梨树上。

结果是令人欣喜的，那个芽成活了，并且长出了树枝来，还长满了漂亮的绿色叶子。紧接着，为了防止那些梨树的树枝会将苹果枝的树液夺走，他就仔细地将原本属于梨树的叶子剪掉，这样就不会妨碍苹果树树枝的生长了，这是一件多么仔细的工作啊！米丘林的心思并没有白费，这里生长出了一棵从来没有出现过的植物——上面是苹果树，可下面竟然是梨树。

苹果树被梨树的汁液哺育着，生长着，就因为这样，苹果树的汁液和梨树的越来越像了。可是，一件让人难过的事情竟然发生了，那就是梨树的乳母身体不太好，生病了，可这样应该怎么办？难道将那个孩子交给另一个乳母吗？这样的方法是行不通的，米丘林也是不认可的，因为这样，新的乳母很有可能将那小树变坏，以至于产生更不好的结果。

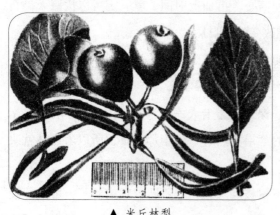

▲ 米丘林梨

于是，米丘林就将那个生病的梨树和苹果树的那一节全部压在了地上，并且深深地埋了起来，就这样，苹果树竟然在土里扎根了，并且可以独自生活。可是还有一件事情发生了——梨树似乎没有白白地养育它，那第一次所结出的果实简直是太过特殊了，形状和颜

▶ 米丘林查看果树的花

色，甚至味道，都和梨树是非常相像的。

这种新品种也有了一个新的名字，是米丘林赐予的：莱茵特·别而加摩特。这个名字的由来是一种苹果和一种梨子的名字，是由这两种植物的结合，才得出了这样的名字来，意思是非常容易理解的。

可是米丘林却担心这个结果只是偶然得出来的，并不是因为遗传的关系，为了让这种顾虑消失，他用了另一种苹果树的花粉向莱茵特·别而加摩特授粉了。可是遗憾的是，米丘林并没有看到这个需要经历半个世纪的实验结果，因为莱茵特·别而加摩特的果实需要很多年才会有结果，但是结果这些果实正和米丘林所想像的一样。

这样的结果和那些传统的观念有了一定的区别，那些有着传统观念的人们认为遗传性是完全不可动摇的，但是偏偏在米丘林的果园子里，这种看似不可被打破的规律却被打破了，并且傲然挺立于这个庞大的自然界之中。而那些所谓的不可动摇的规律，只是那些繁琐的哲学家头脑中所想的罢了。

丰富多彩的幻想

打开米丘林的自传，在第一卷的一页里有一句"我一生的幻想"。在这里米丘林叙述了自己从小确立的目标：幻想如何能在寒冷的北极圈培植苹果树、梨树、樱桃树；如何将一些北方不常见的植物比如杏树、葡萄树、桃树移植过去；如何找出驯服野生植物的方法，让它们也能广泛运用到人类社会中；如何研究出新的品种，让果树上长出前所未有的果实……

幻想自然是多姿多彩的。但如果不去实施，则永远只能存在于幻想，正像玛尼罗夫说的那样，一接触到现实，就和泡沫一样消失，毫无现实意义。米丘林是一个实干家，他一生都在致力于实现目标，将所有时间都贡献在了这种在别人看来根本不可能实现，甚至是疯子才会有的想法里。

是的，米丘林对于这些毫不在意。在北方栽种南方才有的植物，把果树种到北极圈里去，种种奇思妙想，他并不认为这是玩笑。就在人们表示质疑的时候，米丘林早已将全部精力投入研究当中。他想，他一定可以创造出前所未有的品种，实现自己儿时的幻想。

然而想让幻想变成现实，米丘林需要一种足以改造自然的科学作为实践依据。然而这在当时是没有的。那时的植物学家们把种子大量撒到地里面，然后依据偶然性的选择，挑出其中果实最好的树苗，以此得出结论。

米丘林认为这种实验没有任何的智慧在其中，而且效率极其低下，除了长时间束手地等待，没有任何其他有效的措施。这样靠着运气来获得成果，完全是被上天所左右。基于此，他提出一个新的理念，这个理念将贯彻他的一生，这就是：有智慧的人从不会坐等大自然的恩赐从天而降，人类应该学会的是探索，这正是我们生存至今的发展趋势。

路已经指明，但是该如何去探索呢？

达尔文的学说出现了。物竞天择，适者生存。达尔文向人们阐述了生物界的进化史，证明一切进化都是向着高级的、适应环境的方向发展的。有了这个学说，更进一步地带有主动性的生物进化，终于有了依据。

米丘林开始了自己的实验。他大胆假设，小心求证，用一种几乎是巨人才会具备的能力，在那个生产力水平极其低下的社会环境下，在工具与工作条件都极其简陋的情况下，穷尽一生，带给人类社会种种天翻地覆的改变。

周围全是反对的声音。质疑、嘲讽、不屑，甚至是阻止，种种严峻的形势逼迫着米丘林，在所有考验中，他一直坚持下去，从来没有想到放弃。

他的这种行为开始让人苦恼了。那是些被米丘林视之为无知的社会权威人士。他们各有各的头衔与学位，在旁人眼中正是学问的代名词。而米丘林，他不仅从来没有获得过学位，甚至没有在大学进行过学习，因为穷，他不得不年纪轻轻就自己找事情做。

这个傲慢的自学者，这个对于那些在学问的殿堂里长期驻留过的权威人士来说是毫无知识的人，最终的成就却令所有人可望不可及。到了现在，他可以毫不自夸地说，祖国所有的森林和果园，整个大自然，就是他的大学，他在这所大学里的成绩，万众瞩目！

然而在最初，米丘林开始工作的时候，这个伟大的果树栽培家，连果园都不曾拥有，甚至没有任何一点土地。他最初的实验，还是在科兹洛夫城外，一块偏僻处的、长满杂草的空地上进行的。

这正是梨和苹果的杂交实验。而他最初最为耗费脑子的事情，却是怎样想办法争取到哪怕只多一寸的土地，用以种植。他在工作笔记里详细地写下了土地与时间的规划。

为了生存，他必须工作。他先后做过铁路上的办事员、电报机等机械的修理员。每天展现眼前的事物，整天忙碌，都是为了他心中的理想，这是对现实不得不做的妥协。但即使这样，他也从来没有放弃过自己的希望，他争取并利用所有的空闲时间，来实施自己毕生都不会放弃的真正爱好。

这爱好，无疑是十分费钱的。所有实验所需用品，不管是农具、书籍、种子、树苗，还是嫁接用的树木，都是需要花费大量金钱的。而且数年之内都只能投入，不会有产出。米丘林的日常生活，经常连生活必需品都买不起，每天只有一些面包和蘸了盐水的葱供他食用，花出去的每一分钱都做了记录。生活拮据至此，他却可以毫不犹豫地购买哪怕价格昂贵的果树品种。为此，他的足迹遍布巴黎的威尔莫仑、麦次、路易斯安那等地区。

为了取得更多的经费，他总是工作到深夜，当别人房间里的灯都熄灭了后，他还在继续工作。他这样拼命工作，所带来的额外收入，并不是为了改善自己的生活环境，而是为了更快地投入到实验当中。

作为机械修理工的米丘林，为了栽培果树，他就是在这样穷困潦倒的日子里坚持着自己的实验。甚至当有一次需要搬家到城外的时候，由于没有雇佣车辆的钱，他是靠自己的肩膀，将整个"绿色的家庭"——他的树木，一株一株扛过去，扛过了7.5千米的路。这些树木当时还在成长之中，需要特别小心照顾。

可以想象，照顾果园除了花钱，也是极度耗费体力的事情。尽管在其中可以感觉到无穷的乐趣，然而，在生活和实验的双重压力下，他的身体被严重透支，甚至累得吐血。即便是这样，也依然没能阻挡住他工作的热情。尽管他的身体孱弱，但在他强大的精神面前，所有的困难都自动退后了——因为这些是不会被他放在眼里的。

需要多么坚韧的力量，才能做到可以不畏一切的艰难困苦啊！瞧，他正在地图前研究着植物的生命线。在距离唐波夫640多千米巴尔塔的地方，是桃树的生长区域。只要在培育出的品种中，挑选一些足够耐寒的，就可以将整个区域，向北推移200多千米。他一边思索，一边用铅笔在地图上画着线。然而即使这样，距唐波夫还有400多千米，又怎样呢？

遥远的距离似乎是要残酷地打消米丘林的希望。如何才能在北方栽种上桃树呢？米丘林不停地思考着。越是看不到希望，他就越不会放弃，他认定，一个人只要肯付出足够的坚持与努力，有什么障碍可以阻挡他呢？现在，所缺乏的，不过是最有效的方法和途径罢了。

而找到方法，走出这条路，困难是无法想象的。但米丘林毫不犹豫地将之付诸行动了。长期以来，他孤独地探索着，除了他的家人，他的妻子和妻妹，这些早期工作没有其他人帮助过他。他在他的果园里，就像是鲁滨孙被困在那座孤岛上一样。

在这个过程中，人们对他充满了鄙视，认为他的工作没有任何意义。在那时，周围的嘲讽如潮水般包裹着他；神父说他亵渎神灵；政府更曾下令，不许他继续研究。

就是这么一个周围人眼中的怪人，就是在这样的大环境中，米丘林创造出了新的生物学基础，他甚至梦想着将整个国家的果树园林都依此改造。尽管当时，俄罗斯人还根本不知道米丘林是谁，甚至连有这个人都不知道。但研究既然开始有成果，米丘林便不再甘于默默无闻了，他开始投稿，并将自己成功培育出的树木画成图片，做好目录和价目表后，发放给周围一些可能感兴趣的人们，比如车务员、车长或是苹果小贩。

▲ 米丘林建立的苗圃园

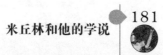

米丘林和他的学说

这并不是广告，而是一种宣言，一种号召。它呼吁，人们应该同恶劣的天气，同寒冷和旱灾抗争；他鼓励人们要坚持不懈，而不是妥协于眼前的困难和挫折。

▲ 1934 年，年迈的米丘林在花园里散步

然而这样的呐喊被无视了。所有的一切，大自然，还有人，都在反对他。大自然的严寒把他的第一批南方树种全部冻死了，这些珍贵的品种，这些来自四面八方不同国家的果树，这些有着豪华名称的外国果树："郎伯夫人""华丽阳元帅""马斯总统"……由于承受不住俄国严寒的冬天，一株接着一株死去，到最后，只剩下俄国本土的几株。

米丘林没有抱怨过，他从一开始就已做好了承受失败的准备。他更将寒冷看成一名合格的检察员，以验证自己工作的有效性。同时，他也要让寒冷知道，自己并不是拿它毫无办法的。为此，他将付出的是持之以恒的努力。

大自然的灾难并不仅只于此。在 1915 年春，河水泛滥成灾，俄国大部分地区都没能幸免。这其中，也包括米丘林的果园。灾难之后紧接着天气转冷，突如其来的寒气让河水都冻成了冰，这种现象持续了多天。就这样，米丘林呕心沥血，辛苦培育出的宝贵果树，全部被无情地埋葬。

代价如此之大，打击如此沉重，却依然没能影响到他。米丘林重新开始了工作，继续身体力行地和大自然抗争着。正像他的无声呼吁那般，在挫折、困难面前，唯一该有的反应，就是坚持！

生命无比短暂。那些耗时极长的实验，在有限的生命里简直看来无法完成。只有米丘林，在面对这些时，就像是能活几百年一样，孜孜不倦、一丝不苟地继续进行着。他坚信，这一梦想，这一事业，是一定会获得成功的。

在此期间，曾经有美国人开出很高的价格，希望把他的产品以及思想，一同带到美国去。这在不被世人理解的痛苦中是如此难得的机会，但被米丘林想都没想就拒绝了。他对此表现出的是轻蔑，他有自己的骄傲，他希望的是为祖国作贡献，而不是为了钱就出卖自己，到别国的土地上去做佣工。他做这么多，可不是为了做给美国人看的，尽管美国人认同了他，祖国却还没有，那又如何？梦想和坚持，是永远都不会因为这些而改变的。

米丘林有着极大的耐心。他从来没有停止过抗争，同自然界，同自然保守主义者和科学保守主义者。他在斗争中创造出完全属于自己的果树：苹果树、梨树、樱桃树；也创造出一整套完全属于自己的种植科学。同时，他还在锻造出了具有坚韧、顽强、大无畏精神的自己。

全新制度

政府终于开始注意到他的研究，并决定在全国范围内推广。

时间把米丘林错误地提前了半个世纪，庆幸的是，最后终于还是追上了他。这位沙皇时代的隐士，埋头于园艺实验里无声无息的智者，终于有了用武之地，可以将自己的科学成果贡献给自己的祖国。他精神焕发，神采奕奕，因为这一次，不再只是自己一个人的独自奋斗了，而是得到了整个俄国人民的支持，长达60年的研究向全国推广，大规模的自然改造运动开始了。

在国家的强大力量下，所有的障碍都不再存在了。米丘林的愿望无比顺畅地推行起来，全国各地都开始建立起实验室、研究所、实验站。现在他再也不用担心土地不够用了，因为在国营农场，有成千公顷的土地拨划给他供他实验。这个种植地，如果全部栽种果树，简直像是森林一样。在那里，米丘林培植出来的堪地勒苹果树、沙福兰苹果树、无籽苹果树等新品种，成片成片地生长着。

不止是在这儿，在全国各个地方，都可以见得到这些果树，到处都是硕果累累。就在这股全国改造的洪流中，米丘林的工作，从最初的涓涓细流，慢慢发展成无比壮观的洪流，飞速发展。

▲ 普通的果农也在采用米丘林的方法对果树进行剪枝

这种运动，被称之为米丘林运动，所带来的成功，令人们做出了最热烈的响应。越来越多的科学家参与到米丘林的改造计划当中，参与到这个驯服植物的伟大事业中来。南方的植物在北方大面积地种植，整个场景正像米丘林儿时所幻想的那个样子。人们以前认为不可能实现的梦想，现在终于实现了。从欧洲到亚洲，从北极圈到亚热带，到处都是参加改造大自然的工作人员，这么多人将改造计划以无与伦比的速度进行着。米丘林所培育出的果树新品种，在苏联的几十个州，都成了标准的栽培物。

曾经的幻想成为了现实。苏维埃政府的帮助给了米丘林一个很大的发展平台，这个事业不单单是他自己的，也是全人类的成果。新的俄国给了他前所未有的力量，给了他实验所需的一切，包括资金和研究者。

在回顾他的一生的时候，米丘林说：“我活了80年，工作了60年，虽然知道自己的成果一定会成功，却从来没有想到过，突然有一天所有的一切就都变了，如此奇怪，又如此让人愉快。正是因为政府支持，我的梦想，是在全国人民的帮助下，才得以实现的。我的成绩是微不足道的，没必要作为节日来庆祝的。”

这个历经了一生磨难的老人，如此谦逊。他坚持了一生的信念，在他成功后，却把功劳归功于别人，功于所有参加这个工作的人。

在全国各地，已经开始的工作要继续进行下去，并且应该越做越大。为此，首先要有所认同：整个米丘林的事业必须被全国人民所了解；更要有所帮助：国家为米丘林的研究所提供种种方便，成千上万的米丘林工作组、大批科学家……

我们像看童话一样，在米丘林的晚年，看到他的梦想实现了。这个原本不被任何人看好，所有人都认为不可能并以为疯狂的梦想，真真切切地实现了。这不是童话，有哪一个童话作家能想得出这一事业真正的结尾呢？能描述出一位像米丘林这样的自然界巨匠呢？

伟大的米丘林，不但在物质上带给人们翻天覆的改变，而且在精神上也给大家树立了无与伦比的榜样。只要坚持梦想，努力地实现梦想，那个梦想就会在不远的将来等待着你的到来。